Zahlen bis 6

Lagebeziehungen, Farben, Formen, das Zählen von Gegenständen und Personen, Vergleiche, Zuordnungen (Begriff – Oberbegriff) und das Erfinden kleiner Rechengeschichten können wiederholt, trainiert und gefestigt werden

Addieren bis 6

1 Erzähle Rechengeschichten.

2

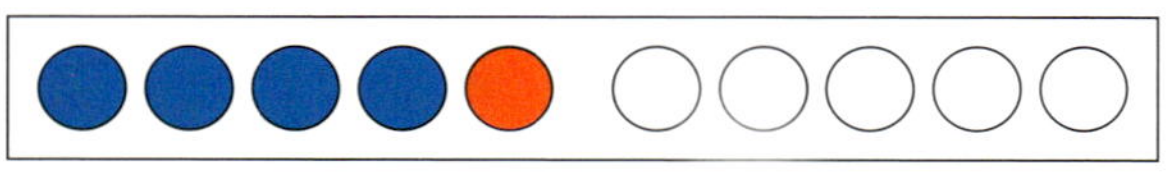

4 + 1 =

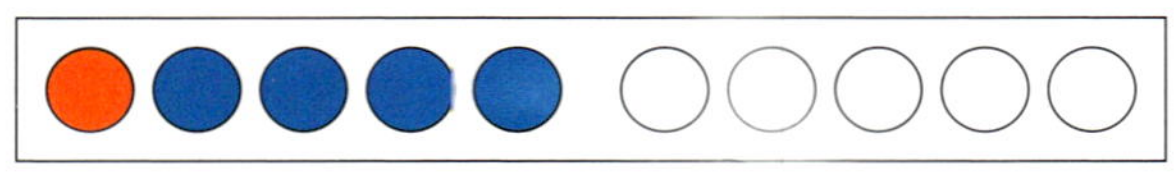

1 + 4 =

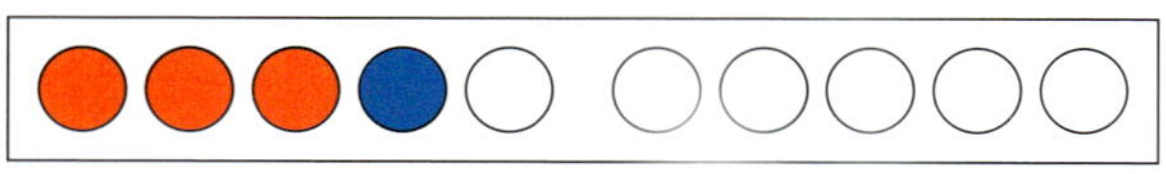

3 + 1 =

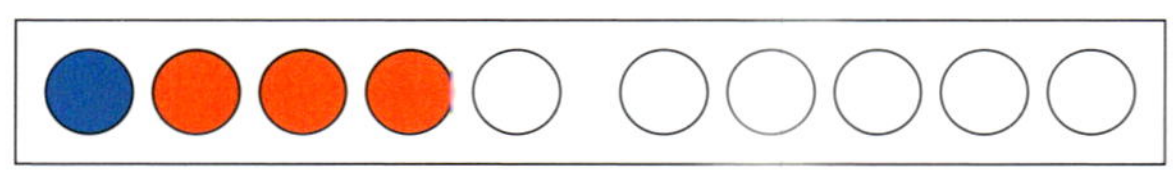

1 + 3 =

3

1 + 5 =   2 + 4 =   3 + 2 =   1 + 0 =

5 + 1 =   4 + 2 =   2 + 3 =   0 + 1 =

4

2 + 1 + 1 =

3 + ☐ + ☐ =

5

5		☐		☐		☐	
2	3	1	2	2	1	4	2

3		4		5		☐	
2	☐	☐	1	☐	☐	☐	☐

5 Rechenmauern als Plusaufgaben erfassen, die Summe der Zahlen in den unteren Steinen ergibt jeweils die Zahl im oberen Stein

Subtrahieren bis 6

1 Erzähle Rechengeschichten.

2

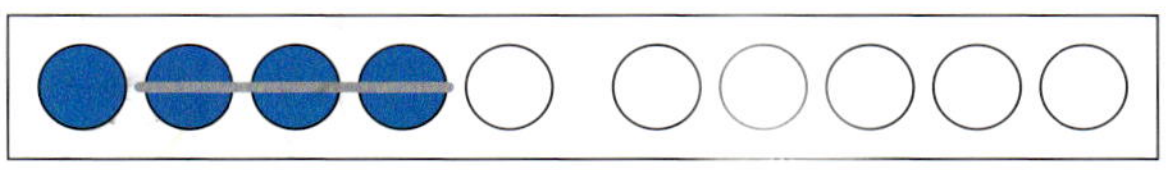

4 − 3 = ☐

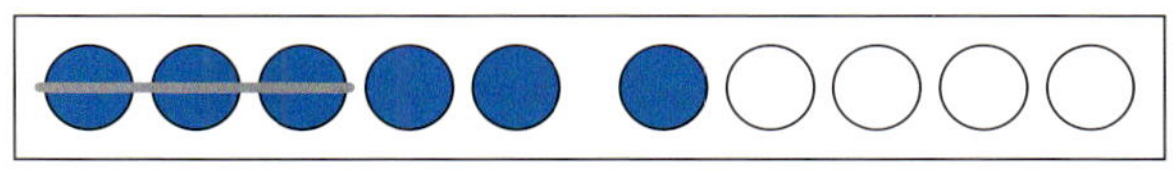

6 − 3 = ☐

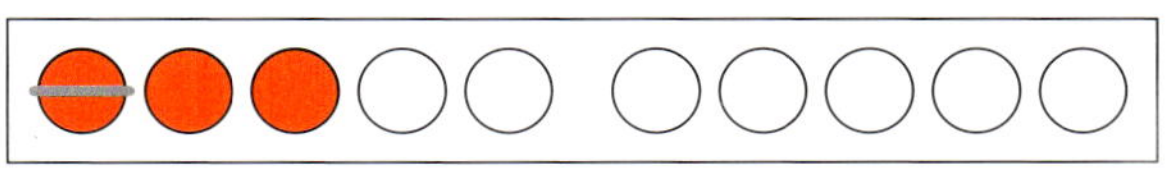

3 − 1 = ☐

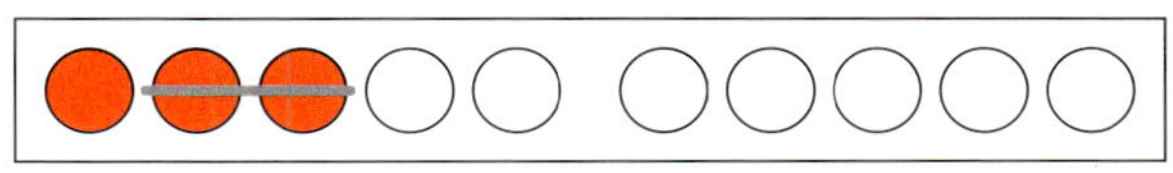

3 − 2 = ☐

3

5 − 1 = ☐ 5 − 3 = ☐ 6 − 3 = ☐ 6 − 1 = ☐

5 − 2 = ☐ 5 − 4 = ☐ 6 − 2 = ☐ 6 − 0 = ☐

4

4 − 1 = ☐

3 + 1 = ☐

2 − 1 = ☐

1 + 1 = ☐

5

2 5 3	
5 − 2 = ☐	3 + 2 = ☐
5 − 3 = ☐	2 + 3 = ☐

1 5 6	
6 − 1 = ☐	5 + 1 = ☐
6 − 5 = ☐	1 + 5 = ☐

5 Aufgabenpäckchen als Aufgabenfamilien (Umkehr- und Tauschaufgaben) lösen; Anbahnung von Rechenstrategien

Zahl 7

1 Zähle.

2

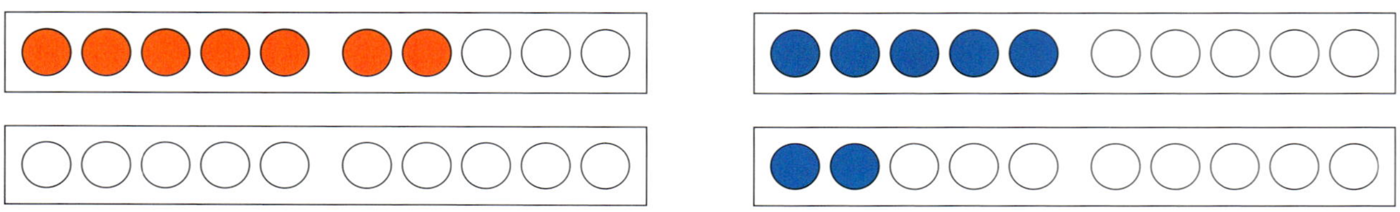

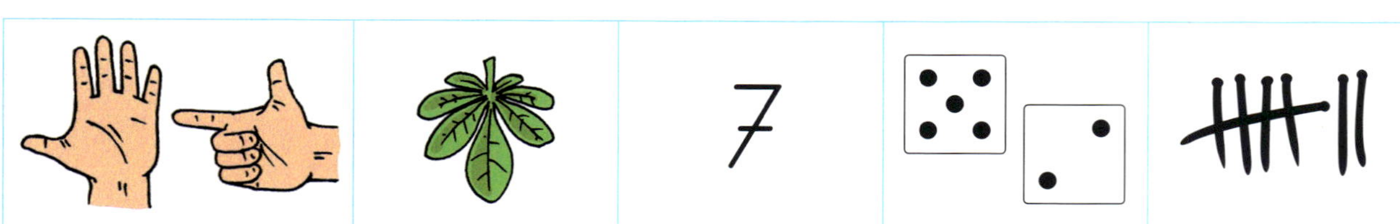

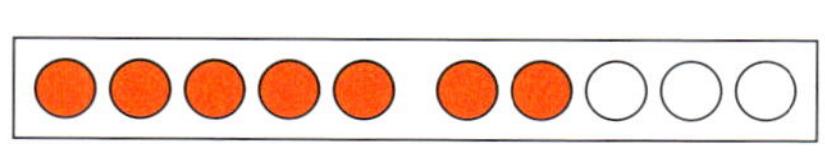

1 Hören bzw. Erzählen des Märchens; Zählübungen bis zur Menge 7 durchführen 2 Legeübungen am Zehnerstreifen und Einführung des Zwanzigerfeldes

Zahl 8

1 Erzähle und zähle.

2 Lege.

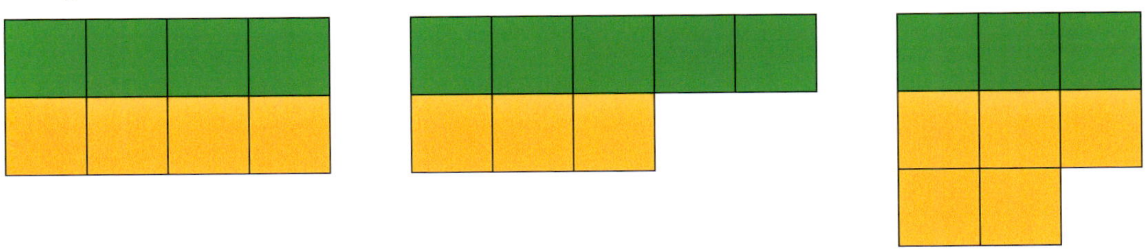

3 Lege.

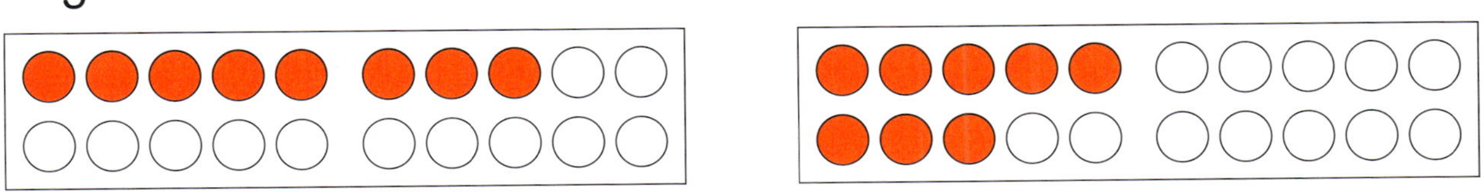

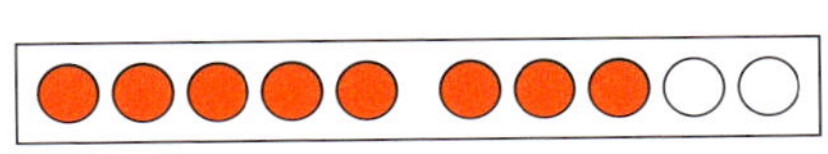

1 anhand eine Geistergeschichte Zählübungen bis zur Menge 8 durchführen 2 Nachlegen mit geometrischen Plättchen, dabei weitere Varianten finden 3 Legeübungen im Zwanzigerfeld

Zahlzerlegungen mit 7 und 8

1 Immer 7

2 Immer 8

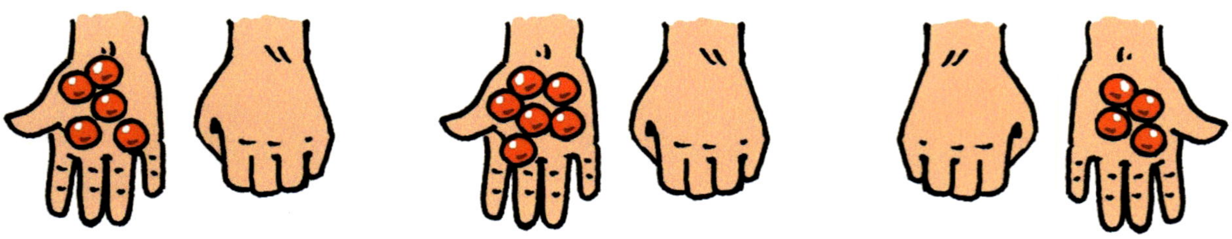

8	
5	

8	
6	

8	
	4

3 Hokuspokus, Zauberdreh, kräftig schütteln tut nicht weh!

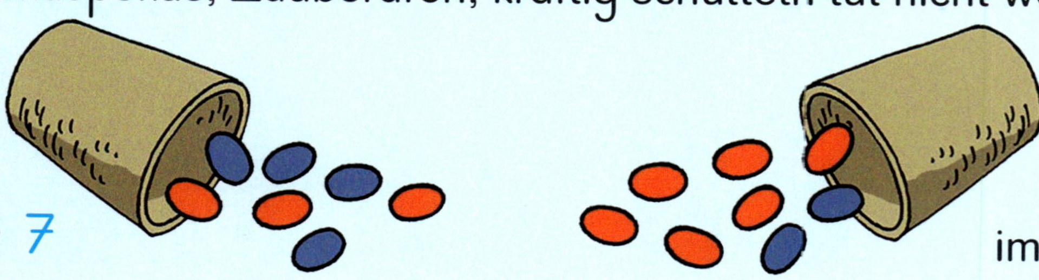

immer 7

immer 8

● (rot)	3					
● (blau)	4					

● (rot)	6					
● (blau)	2					

1 alle Spiegelmöglichkeiten ausprobieren, dabei Tauschvarianten erkennen 3 Zerlegungen mit der Schütteldose, verschiedene Möglichkeiten finden und eine Liste führen

Zahl 9

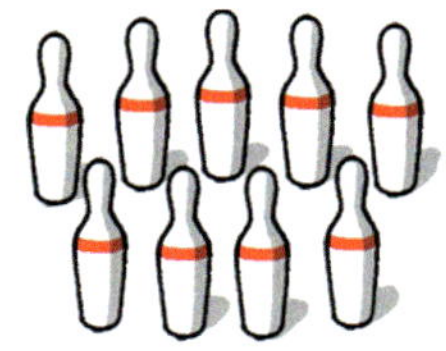

1 Spiele und rechne.

2 Baue mit 9 Bausteinen.

3 Lege.

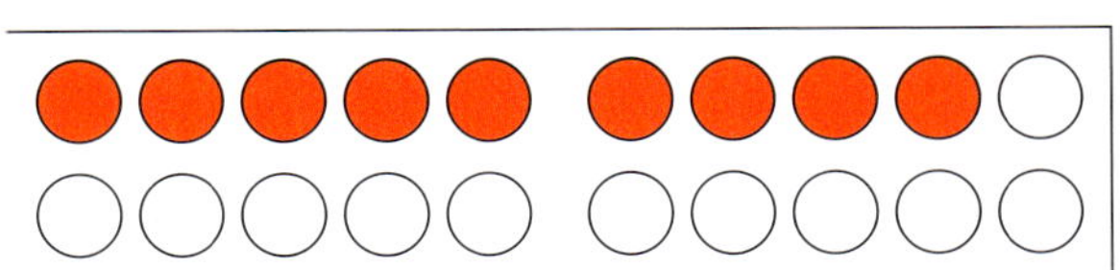

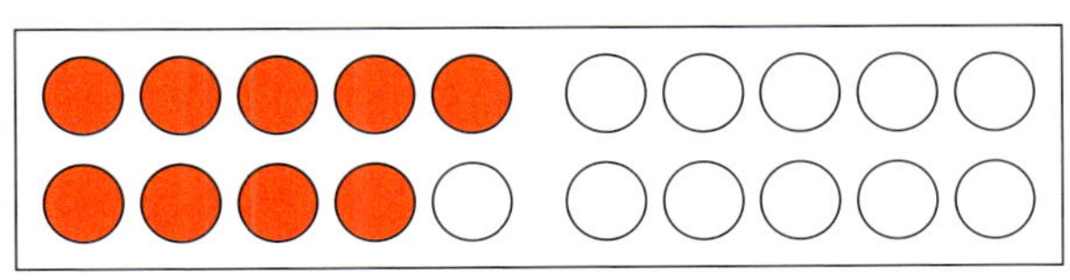

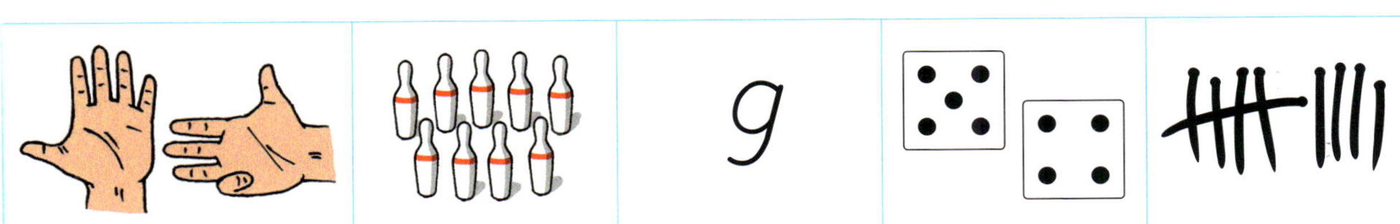

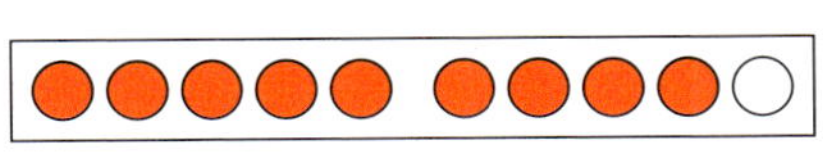

1 entsprechend der Abbildung spielen, beim Aufstellen die Kegel zählen 2 immer mit 9 Bausteinen bauen, verschiedene Körper (z. B. Quader, Würfel, Prisma, Zylinder) nutzen 3 Legeübungen im Zwanzigerfeld

Zahl 10

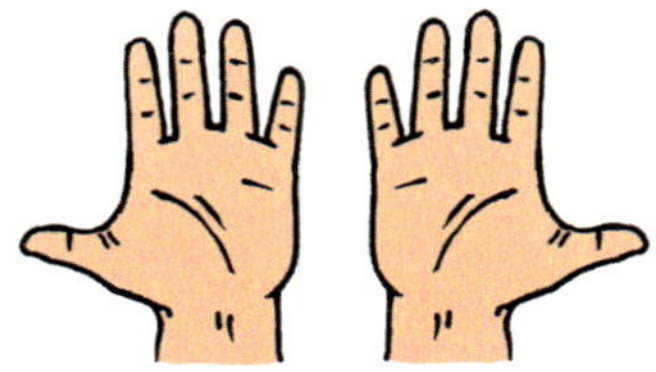

1 Zähle.

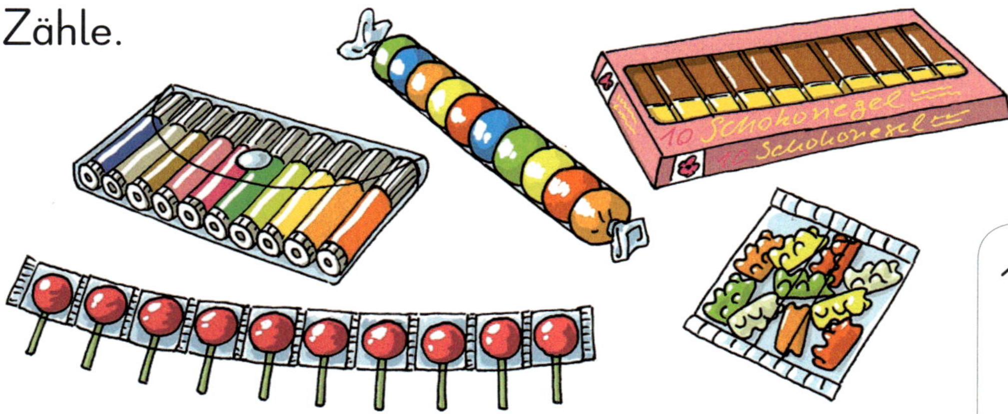

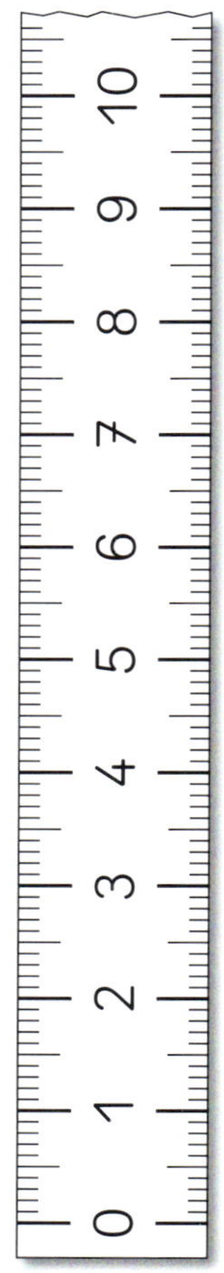

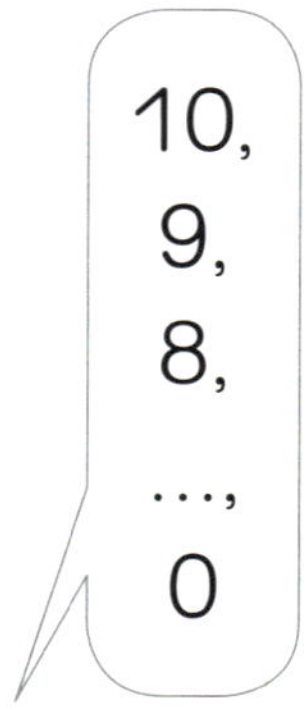

2 Zähle.

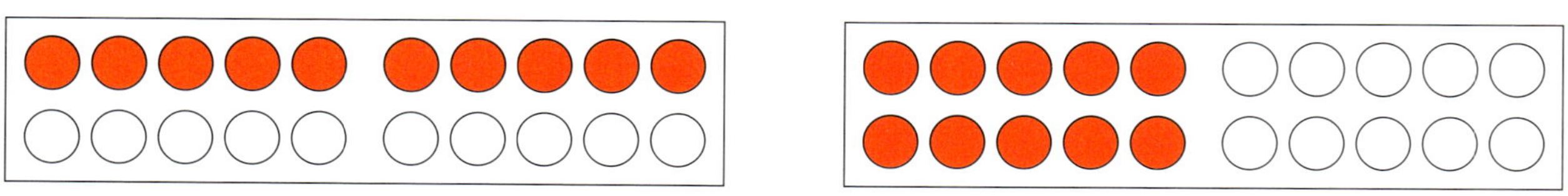

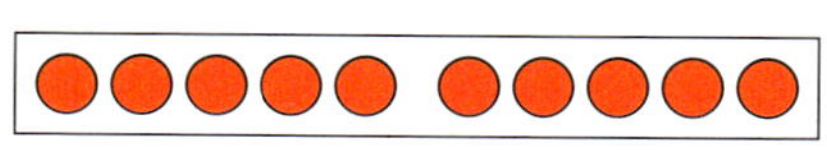

1 Erkennen von Gegenständen der Menge 10 2 Türme bauen, durch Zählen die Menge erfassen; am Lineal vorwärts und rückwärts zählen

Zahlzerlegungen mit 9 und 10

1 Hokuspokus, Zauberdreh, kräftig schütteln tut nicht weh!

immer 9 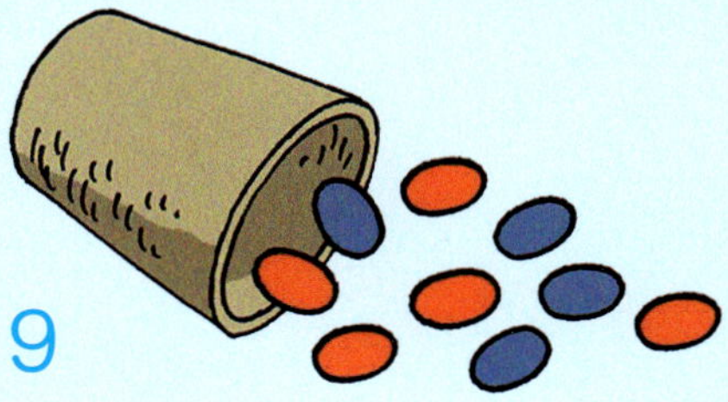  immer 10

●	5					
●	4					

●	4					
●	6					

2 Immer 9

9	
7	

9	
5	

3 Immer 10

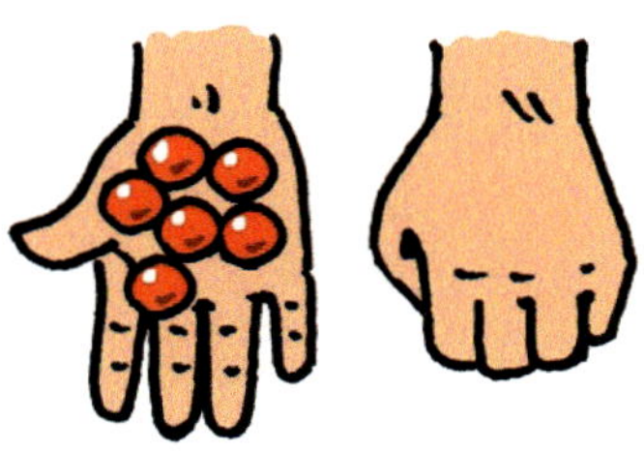

10	
6	

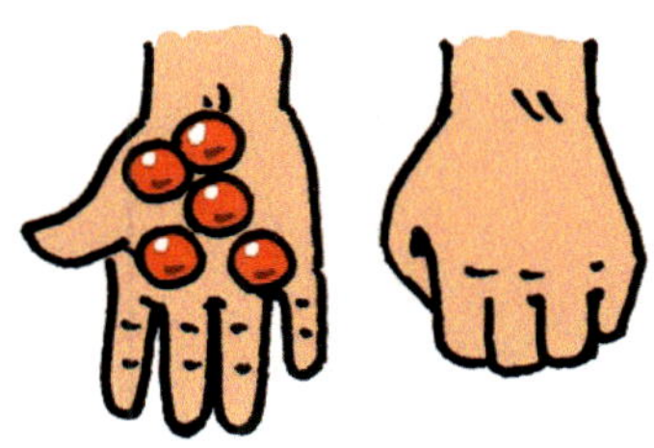

10	
5	

4

9	
4	
	6
2	

9	
	9
8	
	3

10	
7	
	2
4	

10	
	5
0	
	3

1 Zerlegeübungen mit der Schütteldose, Liste führen 2, 3 Zerlegungen ausprobieren 4 Zahlenhäuser erst mit Legeplättchen zerlegen, dann mit Ziffern

Ordnungszahlen

1 Zeichne nach.

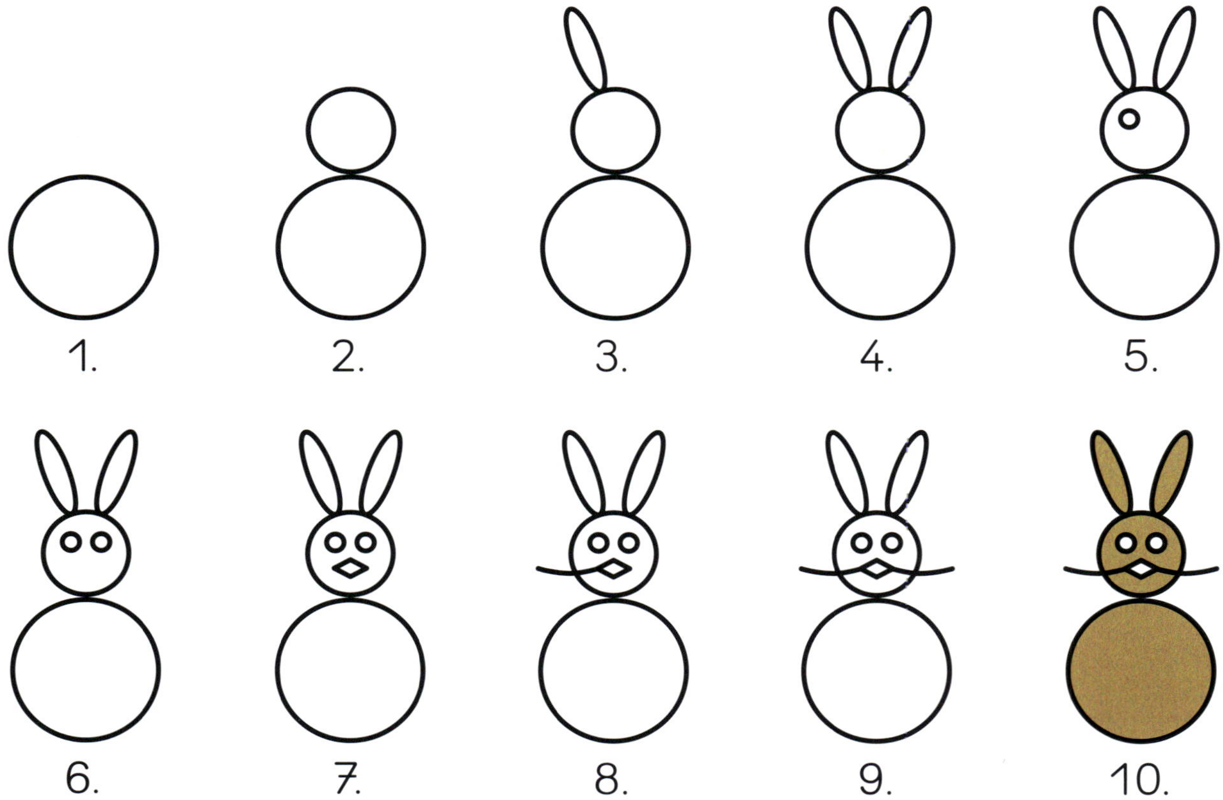

2 Bestimme die Reihenfolge.

2 Positionen nach Aussehen der Kinder beschreiben (Kleidung, Haarfarbe, etc.)

Größer, kleiner, gleich

>	<	=

1 Zähle und vergleiche.

7 (>) 6

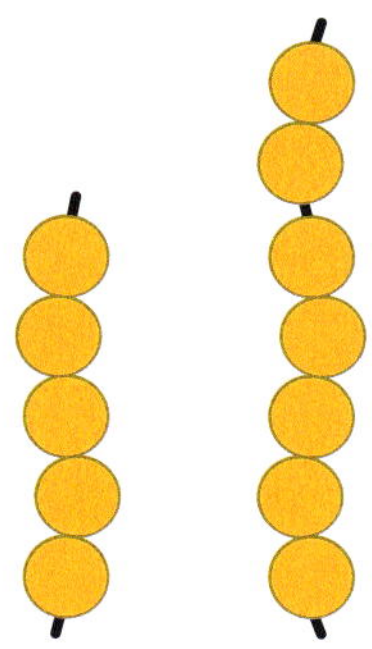

5 (<) 7

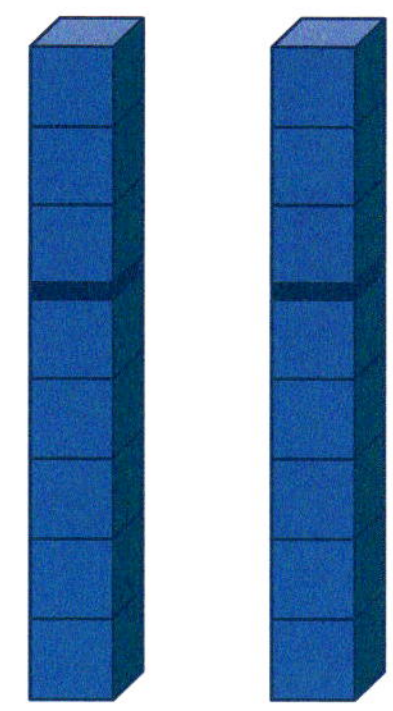

8 (=) 8

2

3

1 mit Würfeln bauen oder stecken bzw. Perlenkette nutzen

1 Zähle und vergleiche.

2

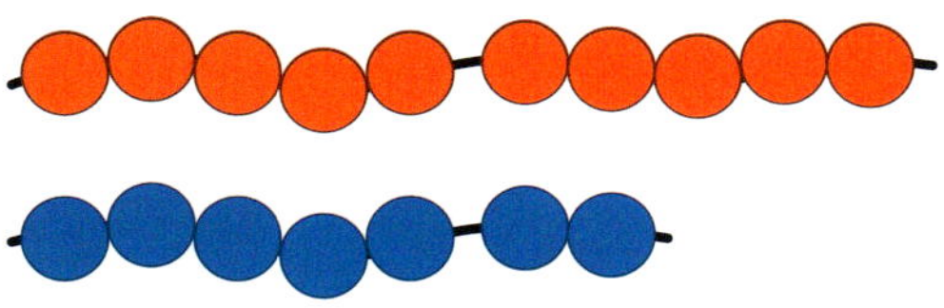

10 > 7

3

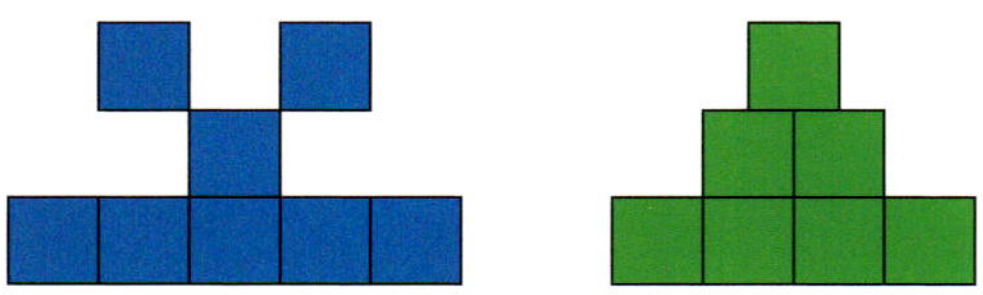

4

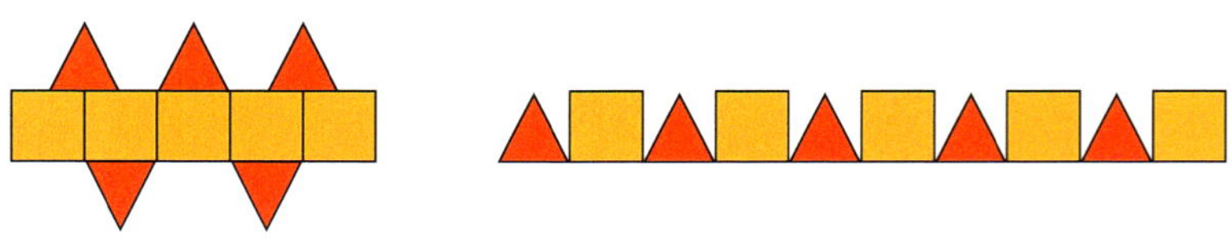

5 Vergleiche.

7 ● 8	8 ● 5	9 ● 6	6 ● 0
8 ● 9	9 ● 9	5 ● 7	10 ● 10
6 ● 4	7 ● 10	8 ● 8	0 ● 9

3 Muster mit geometrischen Plättchen legen, zählen und vergleichen sowie verschiedene Figuren mit der gleichen Anzahl legen lassen

Vorgänger und Nachfolger, Nachbarzahlen

1

2

3

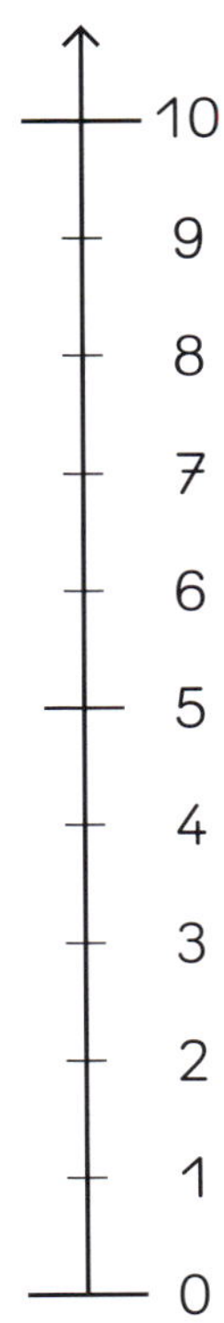

0 1 2 3 4 5 6 7 8 9 10

4

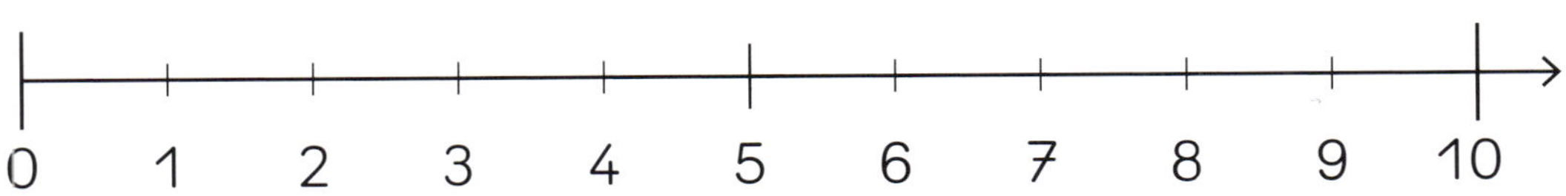

1 Zählen und Feststellen, auf welchen Stühlen die Kinder sitzen; Vorgänger und Nachfolger bestimmen (Wer sitzt daneben?) 2, 3 auf die Stufe bzw. auf Ziffernkarten eine Spielfigur stellen; Vorgänger und Nachfolger bestimmen 4 Vorgänger und Nachfolger am Zahlenstrahl bestimmen; als Hilfe Muggelstein oder Spielfigur nutzen

Eigenschaften von Körpern

1 Forme.

2 Baue.

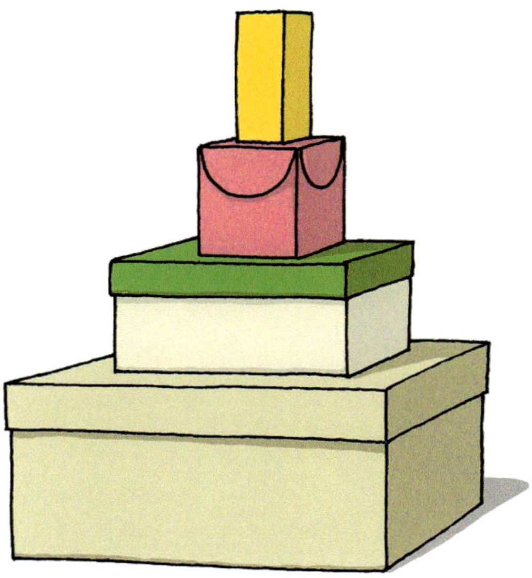

im Klassenzimmer geometrische Formen suchen

Rechengeschichten bis 10

Erzähle. Finde die passende Aufgabe.

2 + 5 = 7

5 + 3 = 8

8 − 3 = 5

10 − 1 = 9

3 + 7 = 10

4 + 4 = 8

10 − 3 = 7

5 + 4 = 9

5 + 2 = 7

9 + 1 = 10

6 + 1 = 7

☐ + ☐ = ☐

☐ − ☐ = ☐

8 − 4 = 4

Addieren bis 10

1

Paul:

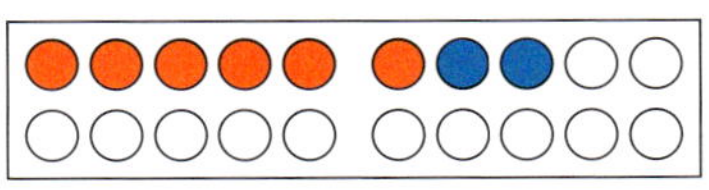

6 + 2 = ▢

Anna:

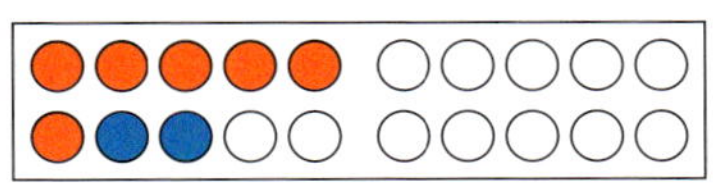

6 + 2 = ▢

Ina:

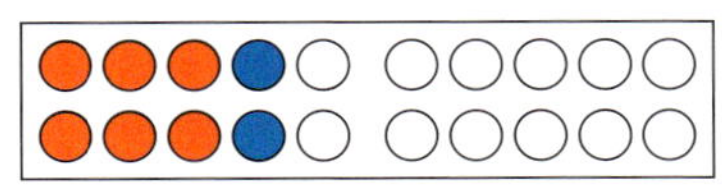

6 + 2 = ▢

Murat:

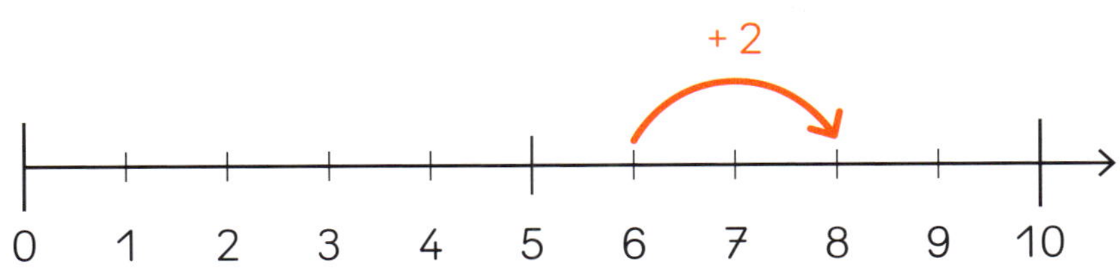

6 + 2 = ▢

2 Rechne.

5 + 3 = ▢	3 + 2 = ▢	1 + 1 = ▢
6 + 0 = ▢	4 + 2 = ▢	2 + 2 = ▢
1 + 7 = ▢	5 + 2 = ▢	3 + 3 = ▢
8 + 2 = ▢	6 + 2 = ▢	4 + 4 = ▢
3 + 4 = ▢	7 + 2 = ▢	5 + 5 = ▢

1 andere Varianten der Aufgabendarstellung sind möglich

Tauschaufgaben

1

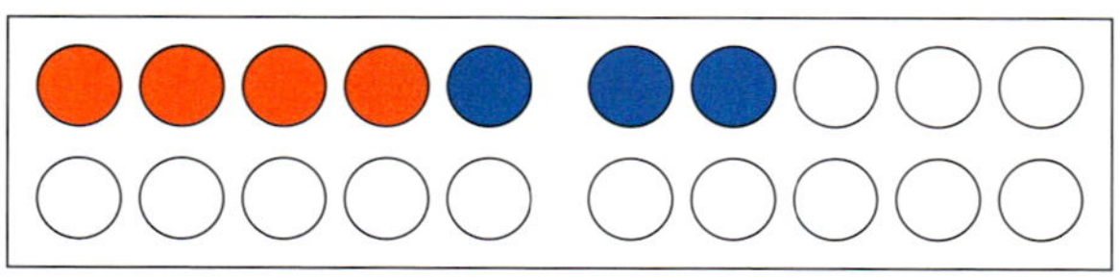

4 + 3 = ☐

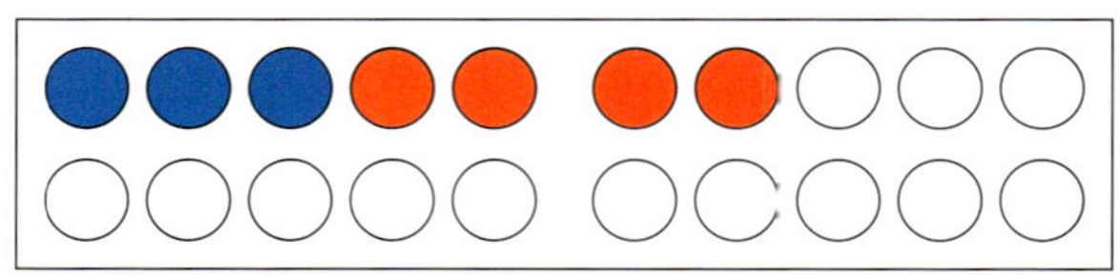

3 + 4 = ☐

2

2 + 3 = ☐	2 + 4 = ☐	1 + 6 = ☐
3 + 2 = ☐	4 + 2 = ☐	6 + 1 = ☐

3

4 + 5 = ☐	2 + 8 = ☐	0 + 8 = ☐
5 + 4 = ☐	8 + 2 = ☐	8 + 0 = ☐

4

3 + 7 = ☐	5 + 1 = ☐	3 + 6 = ☐
7 + 3 = ☐	1 + 5 = ☐	6 + 3 = ☐

5

6 + 2 = ☐	3 + 5 = ☐	4 + 6 = ☐
2 + ☐ = ☐	☐ + 3 = ☐	☐ + ☐ = ☐

5 die passende Tauschaufgabe finden

Subtrahieren bis 10

1

Paul:

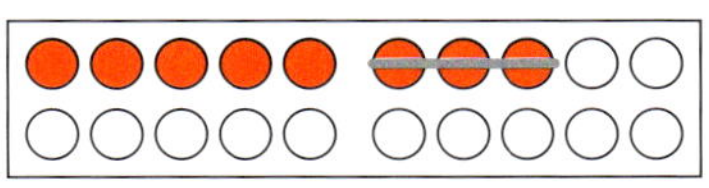

8 − 3 = ☐

Anna:

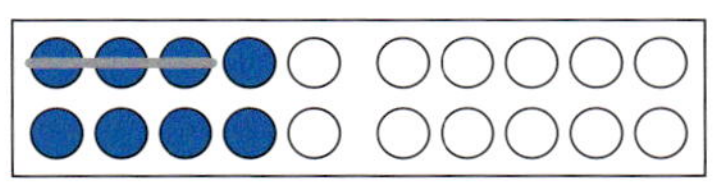

8 − 3 = ☐

Ina:

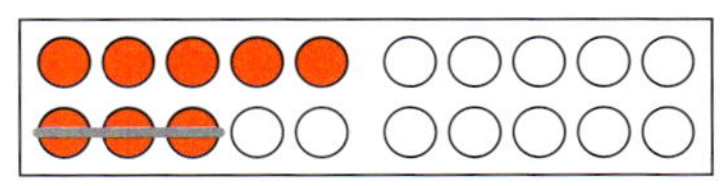

8 − 3 = ☐

Murat:

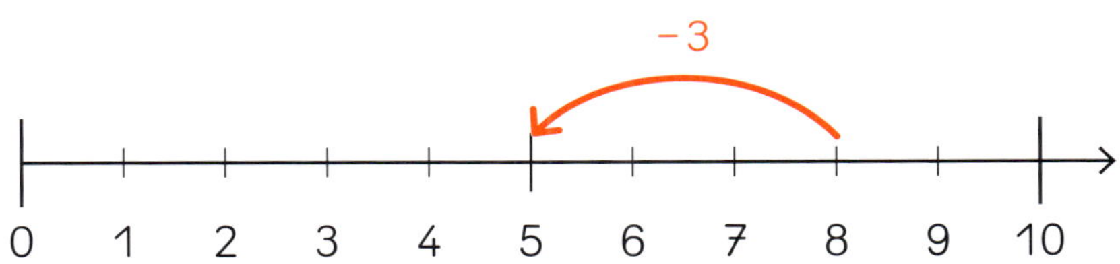

8 − 3 = ☐

2 Rechne.

8 − 2 = ☐	10 − 6 = ☐	10 − 5 = ☐
9 − 0 = ☐	10 − 7 = ☐	8 − 4 = ☐
7 − 5 = ☐	10 − 8 = ☐	6 − 3 = ☐
4 − 3 = ☐	10 − 9 = ☐	4 − 2 = ☐
9 − 5 = ☐	10 − 10 = ☐	2 − 1 = ☐

1 andere Varianten der Aufgabendarstellung sind möglich

1 Erzähle. Finde die Aufgaben.

9 − 4 = ☐   7 − 2 = ☐

10 − 3 = ☐

8 − 2 = ☐

8 − 4 = ☐

2

		★
10 − 10 = ☐	6 − 4 = ☐	9 − ☐ = 1
10 − 4 = ☐	9 − 7 = ☐	8 − ☐ = 8
10 − 6 = ☐	6 − 0 = ☐	10 − ☐ = 5
10 − 9 = ☐	7 − 4 = ☐	10 − ☐ = 3
10 − 8 = ☐	5 − 3 = ☐	10 − ☐ = 10

Umkehraufgaben

1

$6 - 2 = ☐$

$4 + 2 = ☐$

2

$10 - ☐ = 7$

$7 + ☐ = 10$

$8 - ☐ = 6$

$6 + ☐ = 8$

3 Rechne und bilde die Umkehraufgabe.

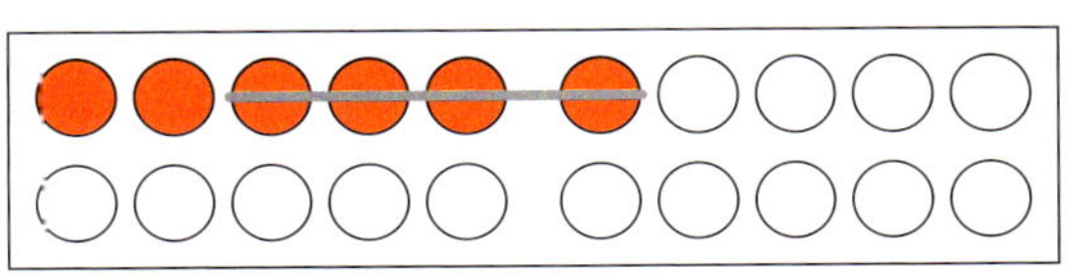

$6 - ☐ = ☐$

$☐ + 4 = 6$

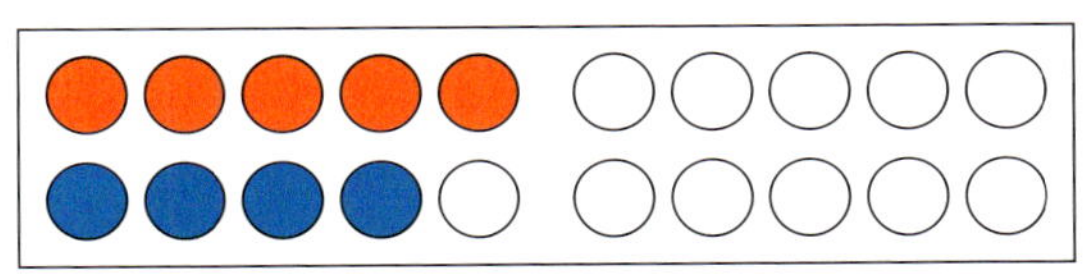

$5 + ☐ = ☐$

$☐ - 4 = 5$

4

$8 - 4 = ☐$

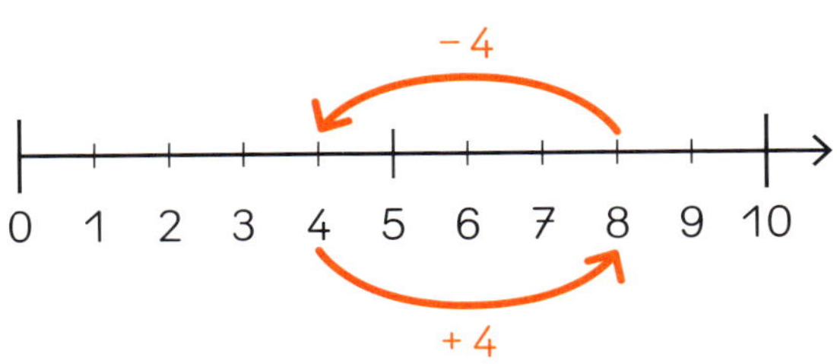

$☐ + ☐ = 8$

$9 - 6 = ☐$

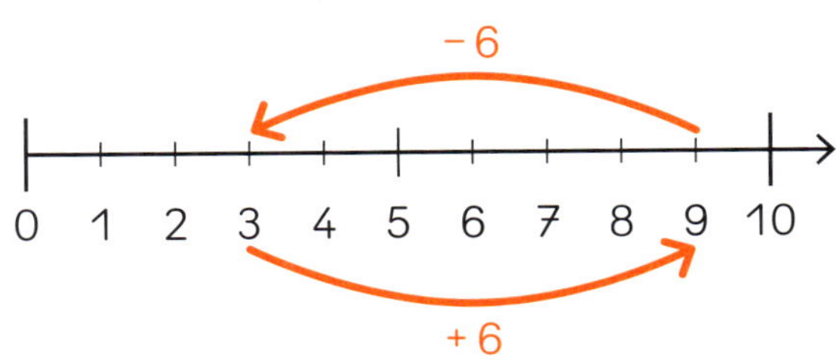

$☐ + ☐ = 9$

Gleichungen

Erzähle und rechne.

1

4 + □ = 7

2

		★
3 + □ = 8	4 + □ = 8	3 + □ = 7
4 + □ = 10	4 + □ = 6	□ + 5 = 8
5 + □ = 7	4 + □ = 4	3 + □ = 9

3

6 − □ = 2

4

8 − □ = 6	10 − □ = 8	9 − □ = 5
5 − □ = 4	9 − □ = 8	9 − □ = 4
7 − □ = 4	8 − □ = 8	9 − □ = 3

5

□ − 2 = 3

6

□ − 4 = 5	□ − 3 = 7	□ − 3 = 3
□ − 4 = 4	□ − 2 = 6	□ − 5 = 5

verschiedene Gleichungen mit „Leerkästchen" (fehlender Summand, Minuend oder Subtrahend) üben

Lösen von Sachaufgaben

Lisa, Ole und Ali kaufen ein.

1 Lisa kauft  und  .

2 € + 1 € = ■ €

2 Ole kauft  und  .

2 € + 2 € = ■ €

3 Ali hat 8 €.  Er kauft:

8 € − 2 € − 3 € = ■ €

8 € − 3 € − 2 € = ■ €

Ali hat nun ■ €.

4 Du hast 10 €.  Kaufe ein.

3 unterschiedliche Rechenwege erklären 4 verschiedene Rechenwege ausprobieren und dazu gestalten

Lagebeziehungen

	7		14	
9		11		2
	1	Anna	6	
5		20		13
	12		8	Üdo
10	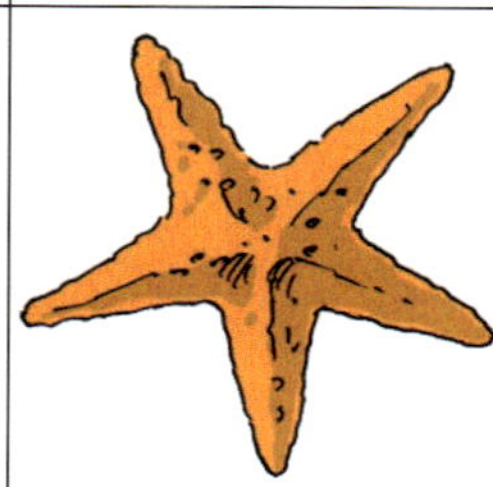	15		4
Max	3		0	

Wo ist die Drei / der Käfer etc.? verwenden von: links neben, rechts neben, unter, über, zwischen

Was ist links/rechts aus der Sicht des Jungen bzw. des Mädchens?

Zahlen bis 20

Bündelungen

10 Einer sind 1 Zehner.

20 Einer sind 2 Zehner.

1 Bündele immer 10.

Z	E
1	5

1 Zehner und 5 Einer sind 15.

1 0 + 5 = 1 5

Z	E
1	9

1 Zehner und 9 Einer sind 19.

1 0 + 9 = 1 9

2 Lege nach.

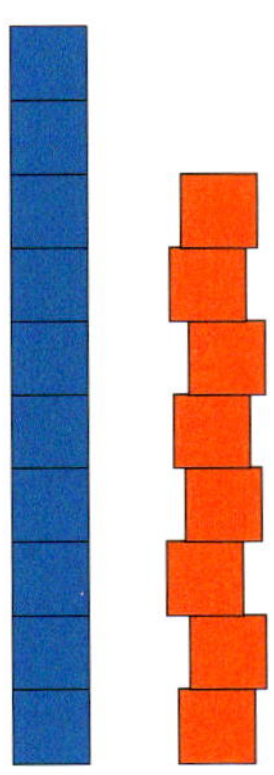

Z	E

Z	E

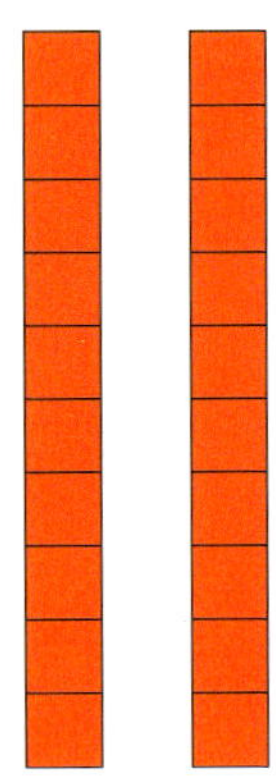

Z	E

3

1 0 + 4 = ___	1 0 + ___ = 1 6	___ + ___ = 1 5
1 0 + 9 = ___	1 0 + ___ = 1 1	___ + ___ = 1 8

Zwanzigerfelder

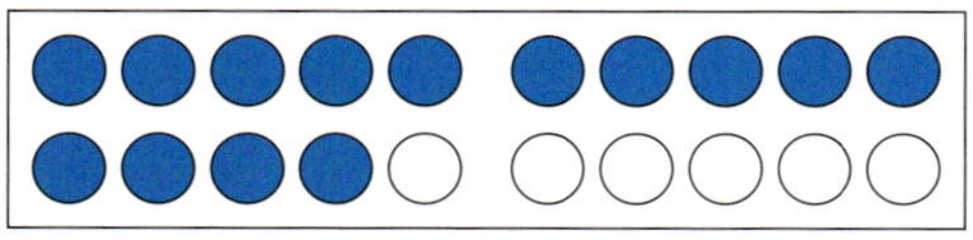

Z	E
1	4

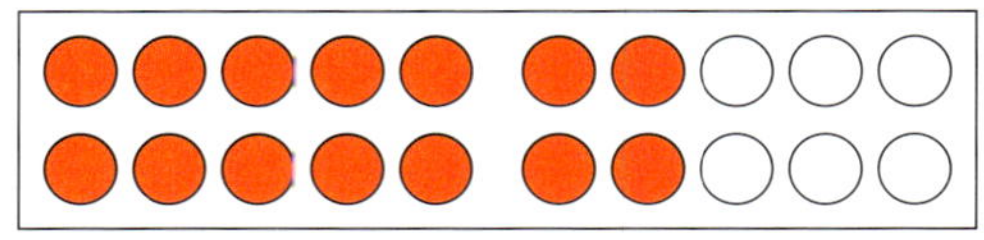

1 Lege nach.

Z	E
1	0

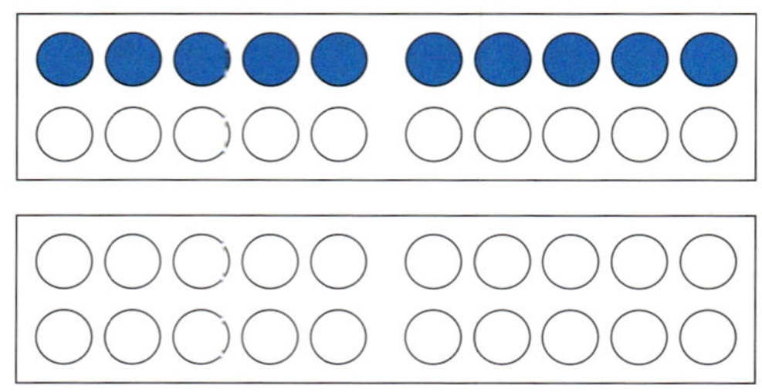

Z	E
1	3

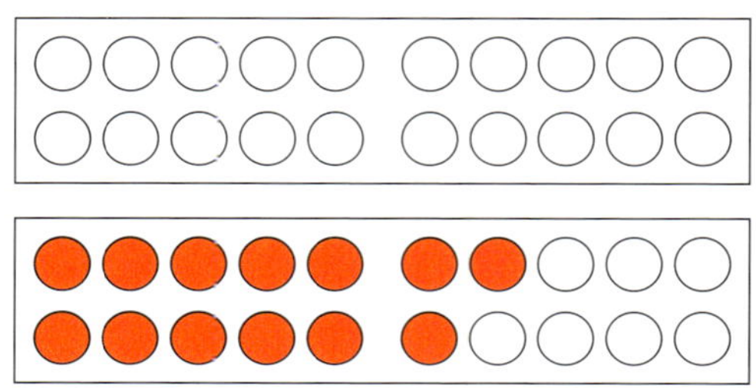

Z	E
1	6

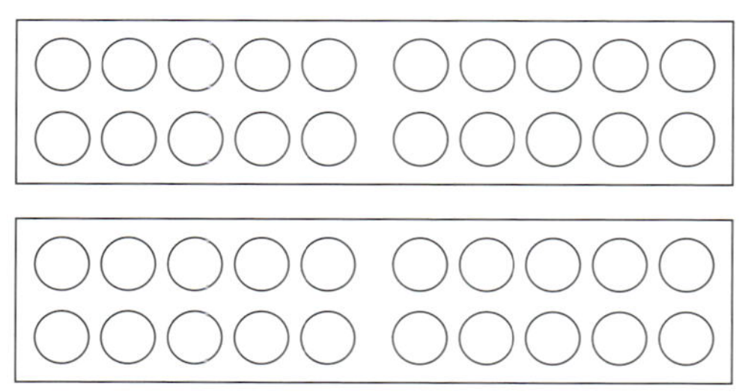

2 Lege die Mengen. Zeige die Zahlen auf dem Zahlenstrahl.

11, 12, 14, 15, 17, 18, 20

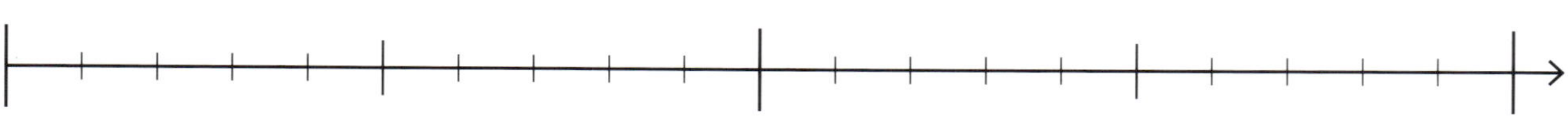

Mengen und Zahlen vergleichen

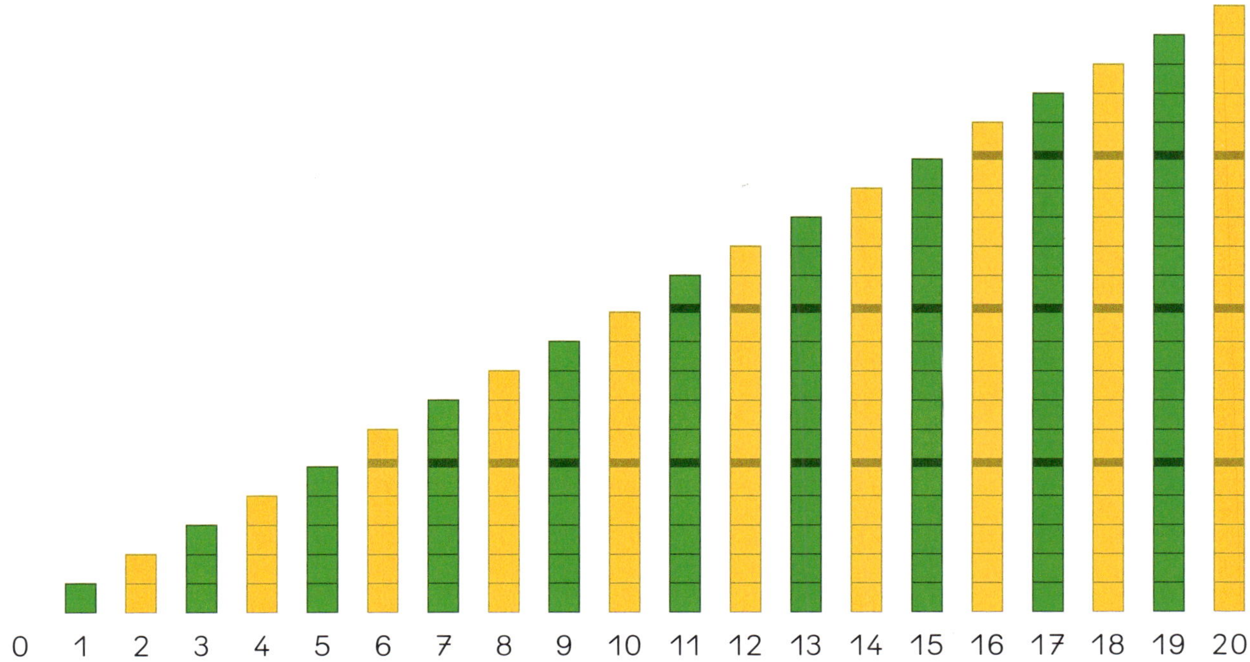

1 Vergleiche. Setze >, < oder = ein.

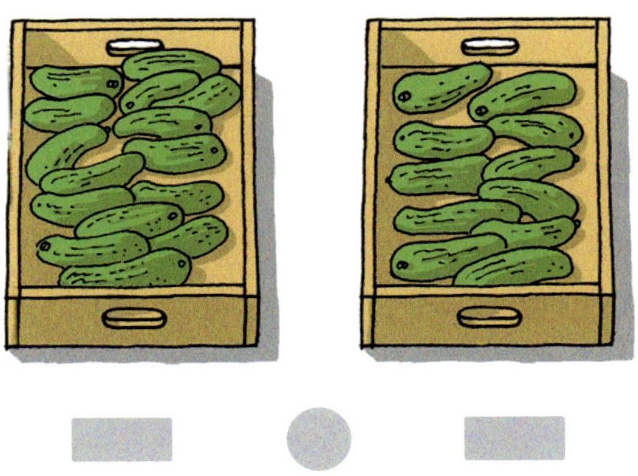

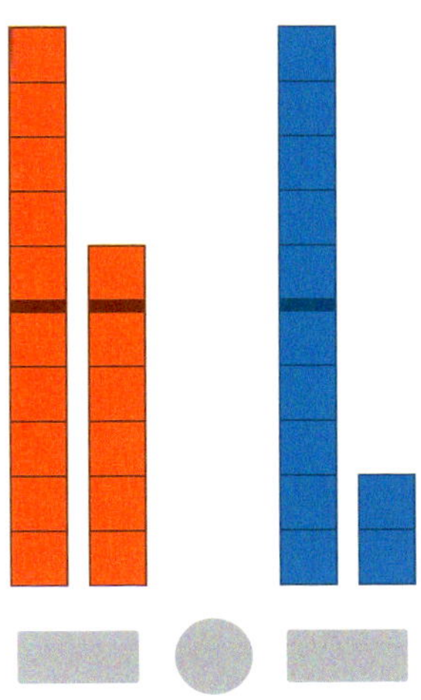

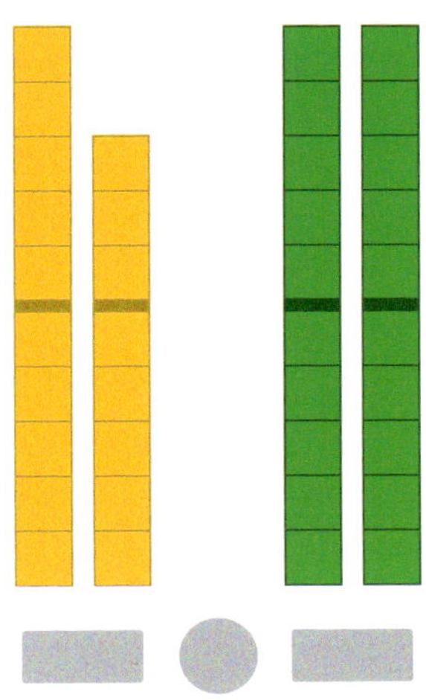

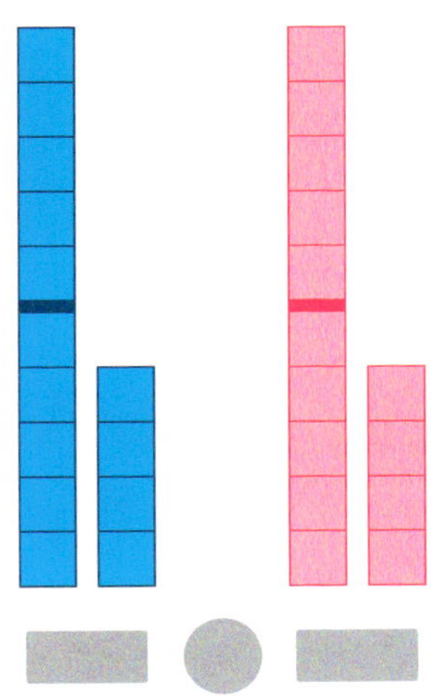

Zahlenfolgen und Nachbarzahlen

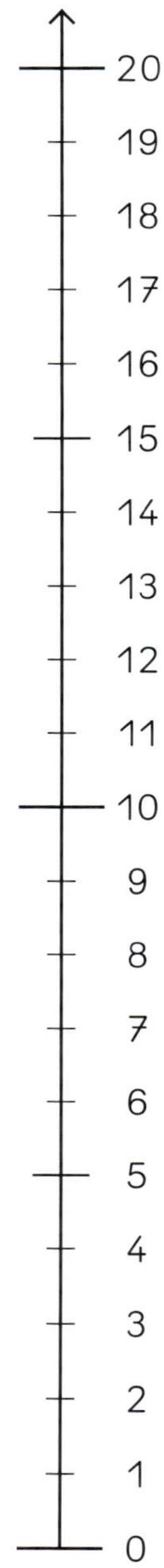

1 Finde die fehlenden Zahlen.

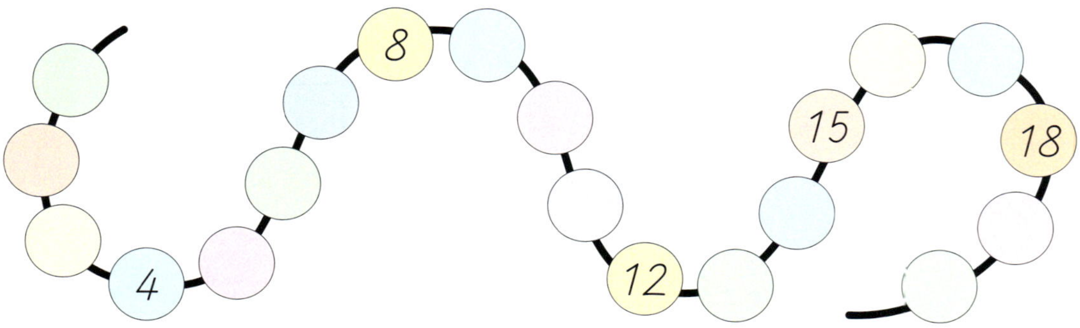

2 Finde die Nachbarzahlen.

	13			17			5			14			19	
	11			16			12			10			18	

3 Finde die fehlenden Zahlen.

11	

12		14

9	10		12

8		10		12		

	20

14		

19		17	

			17			

4 Nenne die Zahlen.

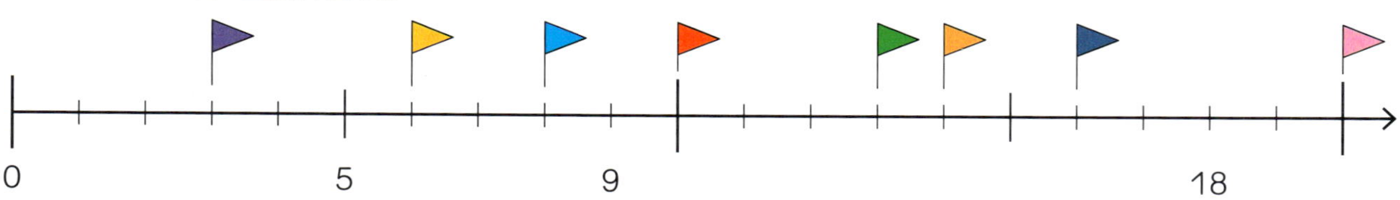

Ordnungszahlen bis 20

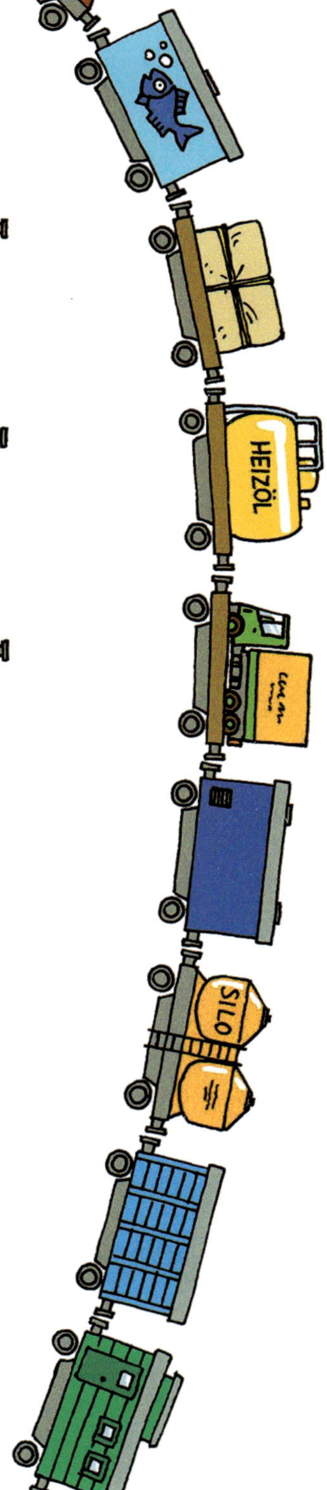

1 An welcher Stelle stehen diese Wagen?

2 Welcher Wagen ist der 13., der 19., der 8. und der 20.?

3 Zeige den 15., 17., 10., 14., 11. , 5. und 12. Wagen.

Verdoppeln

1 Was ist doppelt zu sehen?

	Scheren	Bleistifte	Füller	Buntstifte	Tinten-patronen	Hefte	Bücher
ein Kind	1	5	2	10	7	4	3
zwei Kinder							

2 Lege doppelt nach.

6 + 6 = 1 2

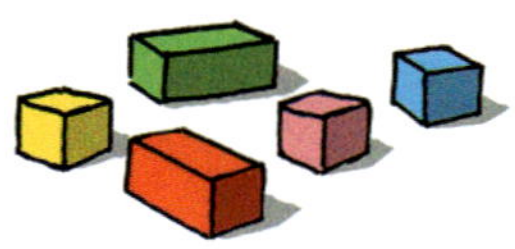

5 + 5 = 1 0

9 + 9 = 1 8

3 Verdopple.

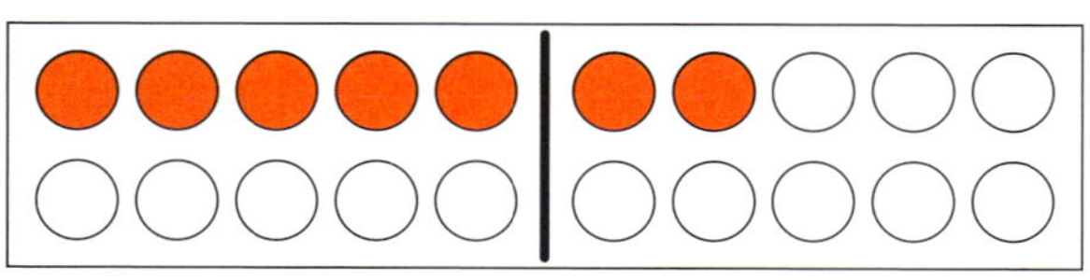

7 + 7 = 1 4

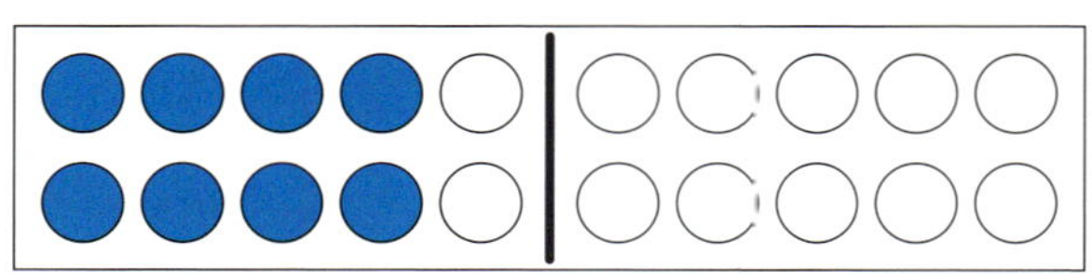

8 + 8 = 1 6

Halbieren

1 Verteile gerecht.

12 = 6 + 6

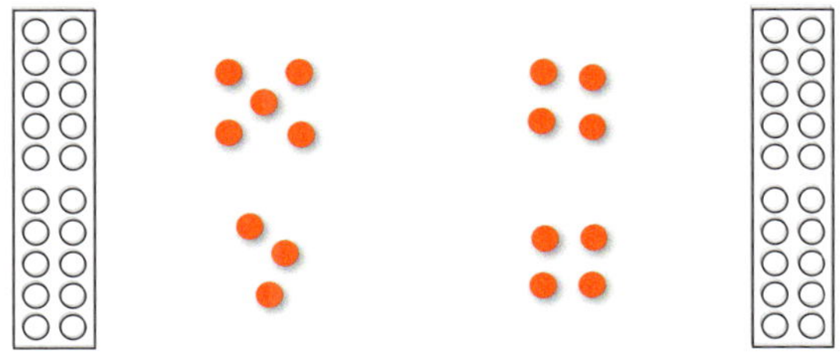

▭ = ▭ + ▭

2 Lege und halbiere. Nenne die Aufgabe.

10 = 5 + 5

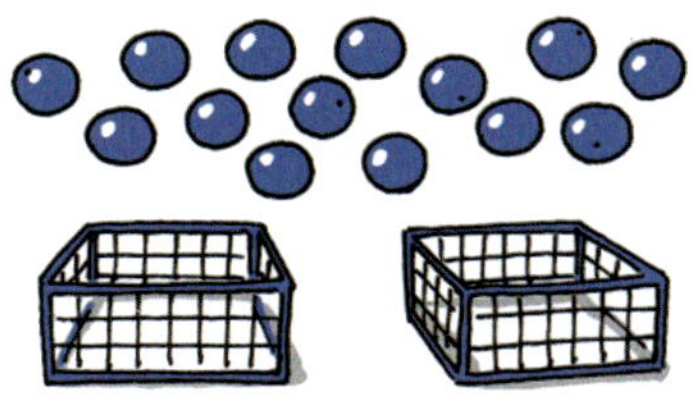

14 = 7 + ▭

18 = ▭ + ▭

3 Halbiere so oder so. Lege nach.

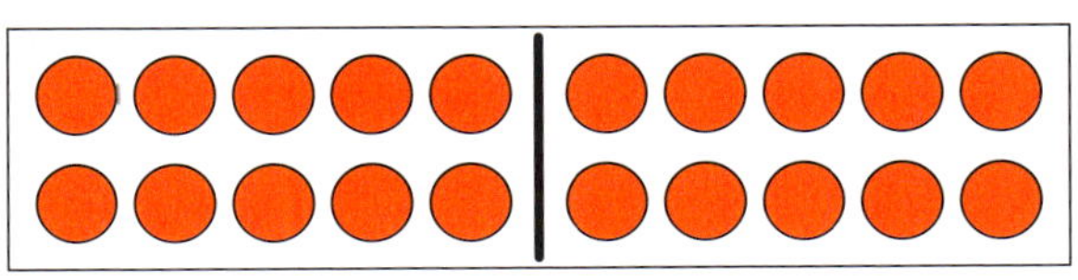

20 = ▭ + ▭

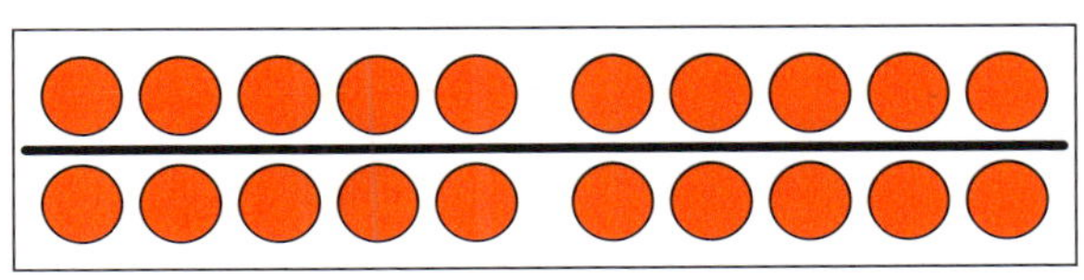

▭ = 10 + ▭

Zahlen in der Umwelt

Zahlen im Klassenraum, auf dem Schulgelände oder bei einem Unterrichtsgang suchen

Wer wird Würfelkönig?

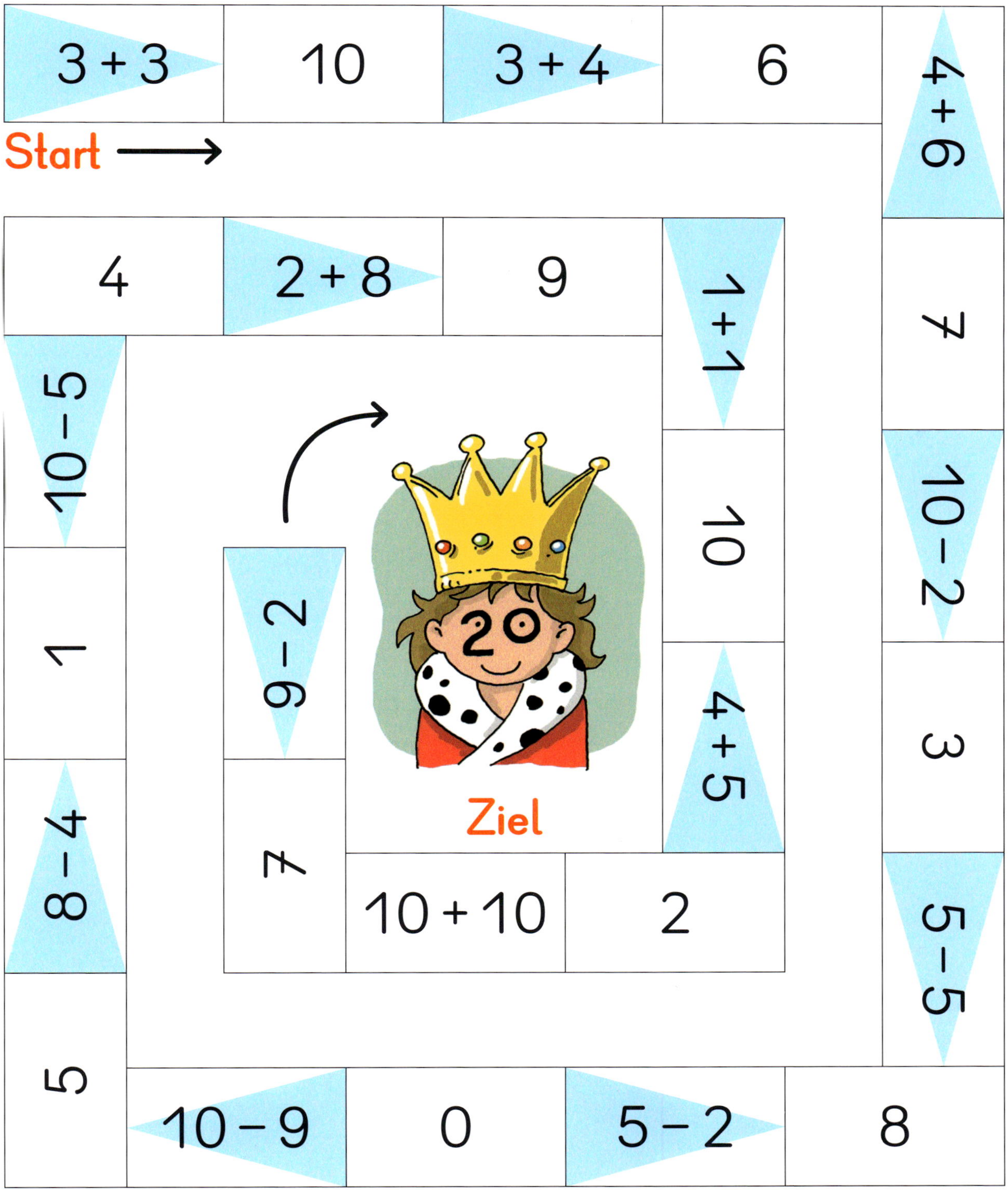

Regel: Würfeln und setzen.
Kommt man auf eine Aufgabe, darf man zum nächsten Ergebnis ziehen, vor oder zurück.
Kommt man auf eine Zahl, muss man eine Aufgabe mit dieser Zahl als Ergebnis nennen.
Hat man die Aufgabe nicht richtig gelöst, muss man zum vorherigen Standort zurück.
Sieger ist, wer mit einer Würfelpunktzahl genau auf den König oder auf die Aufgabe 10 + 10 trifft.

Längen

Länge der Gegenstände miteinander vergleichen und Redewendungen wie „länger als …“ und „kürzer als …“ üben; Längen mit Hilfe von Körpermaßen u. a. Längenrepräsentanten vergleichen

1 Schätze. Ordne von kurz nach lang.

2 Was ist wirklich länger?

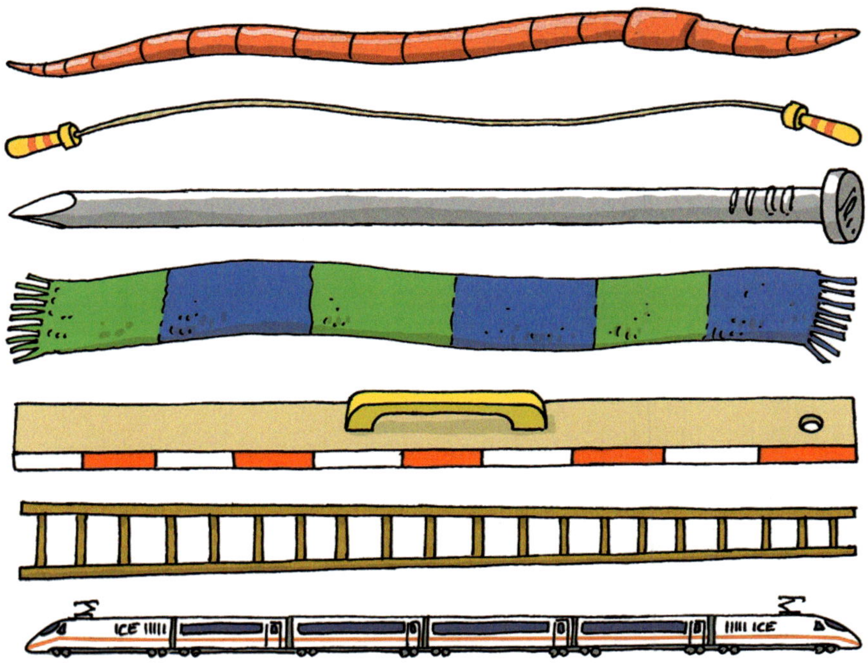

3 Bin ich größer oder kleiner?

Addieren bis 20

1

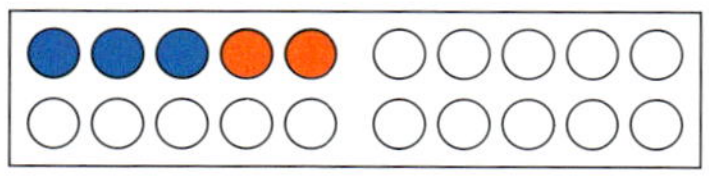

3 + 2 = 5

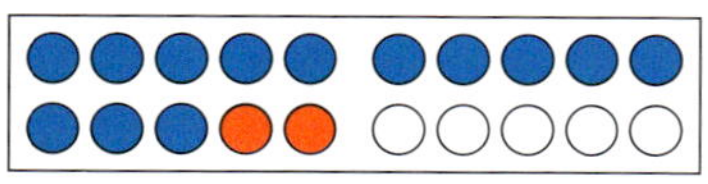

13 + 2 = 15

2

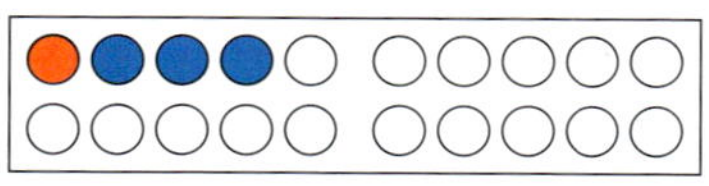

1 + 3 = ___

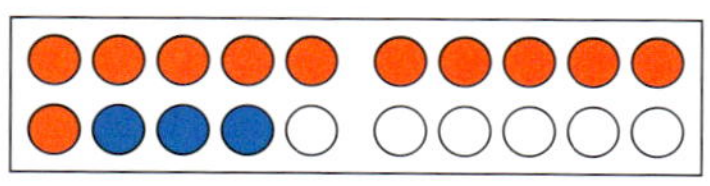

11 + 3 = ___

3

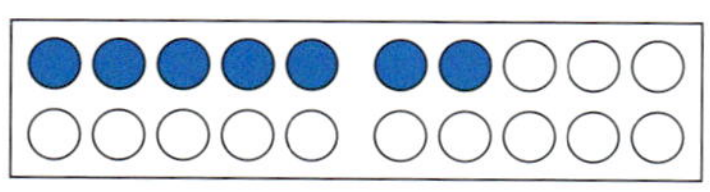

7 + 0 = ___

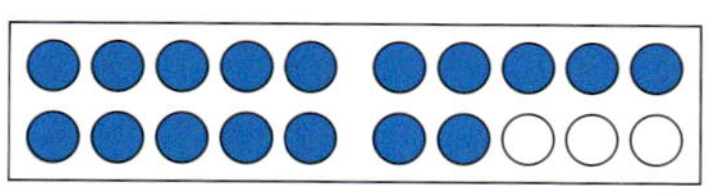

17 + 0 = ___

4

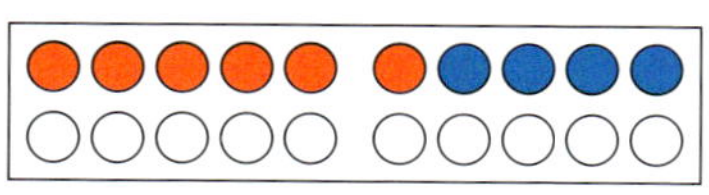

___ + ___ = ___

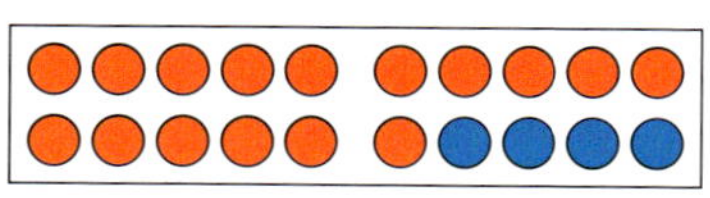

___ + ___ = ___

1

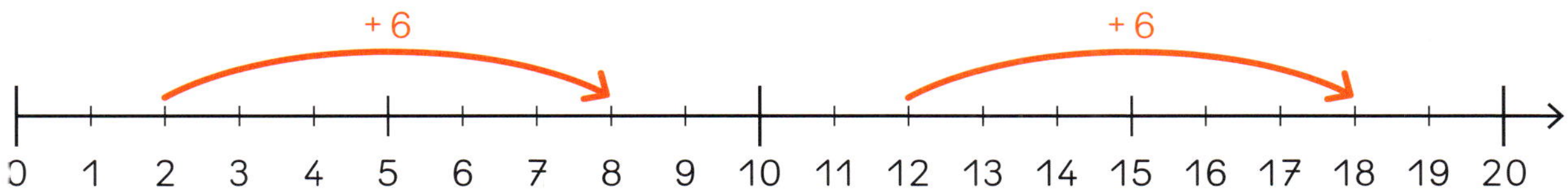

$2 + 6 = \square$ $\quad$ $12 + 6 = \square$

2

$9 + 0 = \square$ $\quad$ $1 + 9 = \square$ $\quad$ $6 + 3 = \square$

$19 + 0 = \square$ $\quad$ $11 + 9 = \square$ $\quad$ $16 + 3 = \square$

$5 + 2 = \square$ $\quad$ $0 + 6 = \square$ $\quad$ $4 + 3 = \square$

$15 + 2 = \square$ $\quad$ $10 + 6 = \square$ $\quad$ $14 + 3 = \square$

3

$11 + 5 = \square$ $\quad$ $15 + 4 = \square$ $\quad$ $10 + 7 = \square$

$13 + 4 = \square$ $\quad$ $12 + 8 = \square$ $\quad$ $13 + 5 = \square$

$12 + 3 = \square$ $\quad$ $14 + 4 = \square$ $\quad$ $16 + 2 = \square$

$20 + 0 = \square$ $\quad$ $11 + 7 = \square$ $\quad$ $13 + 7 = \square$

4

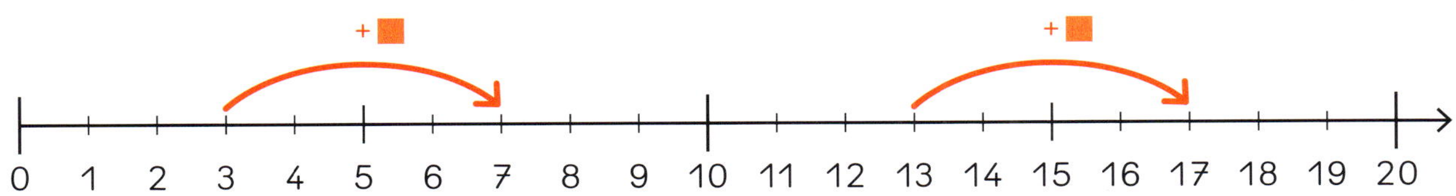

$3 + \square = 7$ $\quad$ $13 + \square = 17$

5

$10 + \square = 13$ $\quad$ $15 + \square = 20$ $\quad$ $\square + 3 = 18$

$11 + \square = 15$ $\quad$ $12 + \square = 16$ $\quad$ $\square + 0 = 14$

6

Top	Bottom left	Bottom right
	12	7
	15	5
17		4
16		16
18		

Subtrahieren bis 20

1

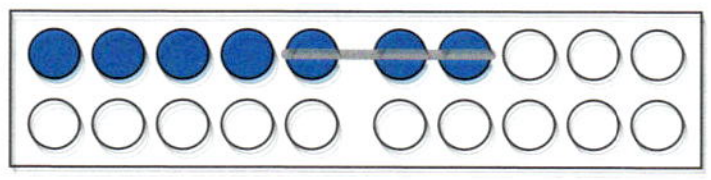

7 – 3 = 4

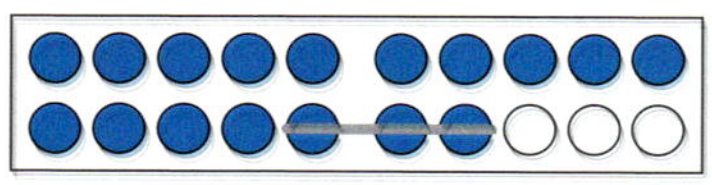

17 – 3 = 14

2

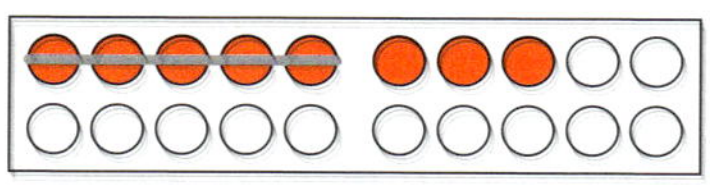

8 – 5 = ___

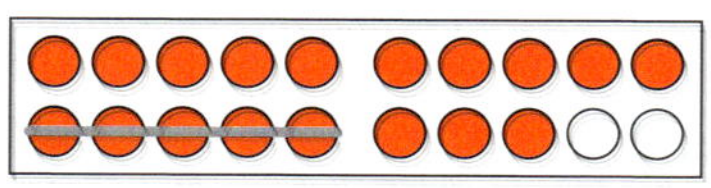

18 – 5 = ___

3

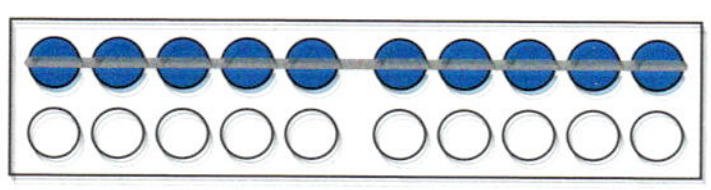

10 – 10 = ___

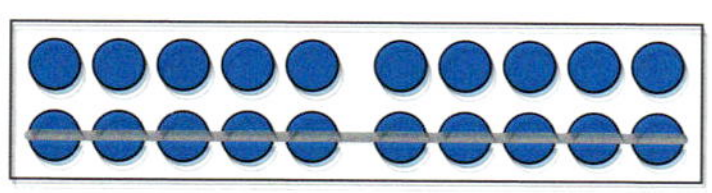

20 – 10 = ___

4

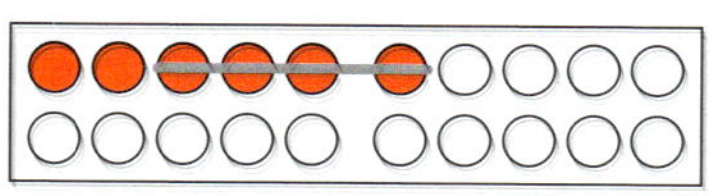

___ – ___ = ___

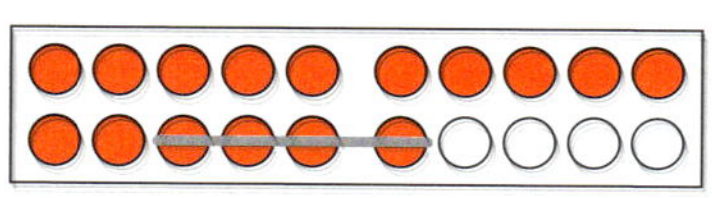

___ – ___ = ___

1

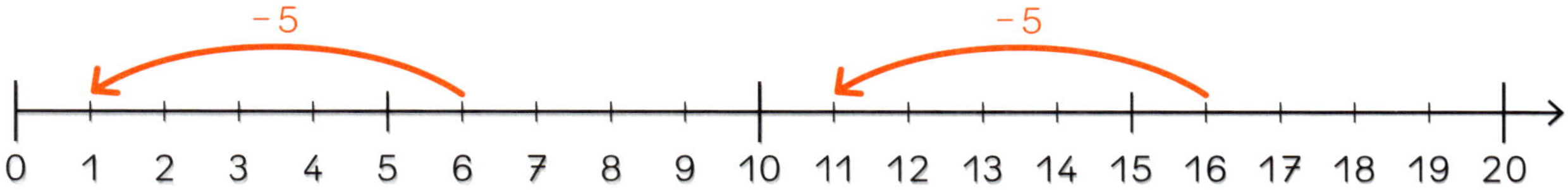

$6 - 5 =$ ☐ $16 - 5 =$ ☐

2

$5 - 3 =$ ☐	$3 - 1 =$ ☐	$10 - 0 =$ ☐
$15 - 3 =$ ☐	$13 - 1 =$ ☐	$20 - 0 =$ ☐
$2 - 2 =$ ☐	$9 - 4 =$ ☐	$7 - 6 =$ ☐
$12 - 2 =$ ☐	$19 - 4 =$ ☐	$17 - 6 =$ ☐

3

$18 - 2 =$ ☐	$16 - 3 =$ ☐	$15 - 4 =$ ☐
$13 - 3 =$ ☐	$19 - 4 =$ ☐	$14 - 3 =$ ☐
$16 - 4 =$ ☐	$18 - 6 =$ ☐	$20 - 6 =$ ☐
$19 - 6 =$ ☐	$20 - 8 =$ ☐	$17 - 0 =$ ☐

4

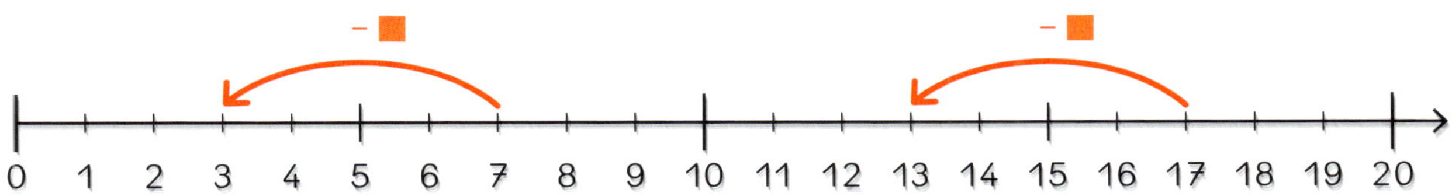

$7 -$ ☐ $= 3$ $17 -$ ☐ $= 13$

5

$13 -$ ☐ $= 11$	$17 -$ ☐ $= 12$	☐ $- 4 = 13$
$15 -$ ☐ $= 10$	$18 -$ ☐ $= 11$	☐ $- 6 = 14$

6

Top	Bottom left	Bottom right
20	16	__
14	11	__
17	__	17
19	__	5
15	__	__

Rechnen mit 10

1

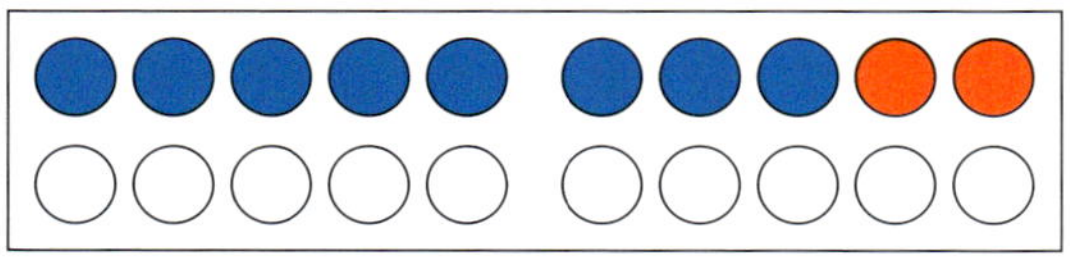

8 + ☐ = 10

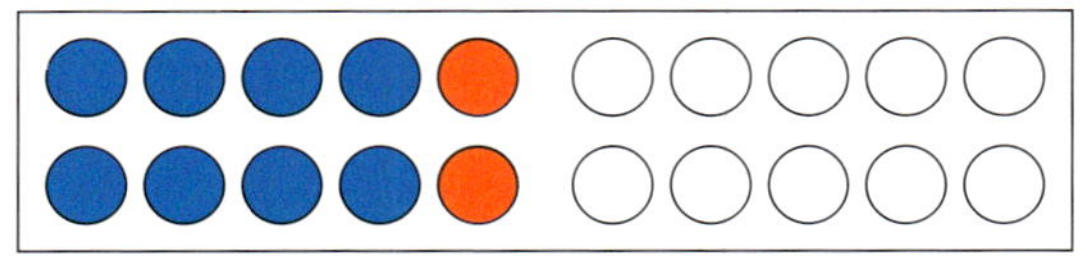

8 + ☐ = 10

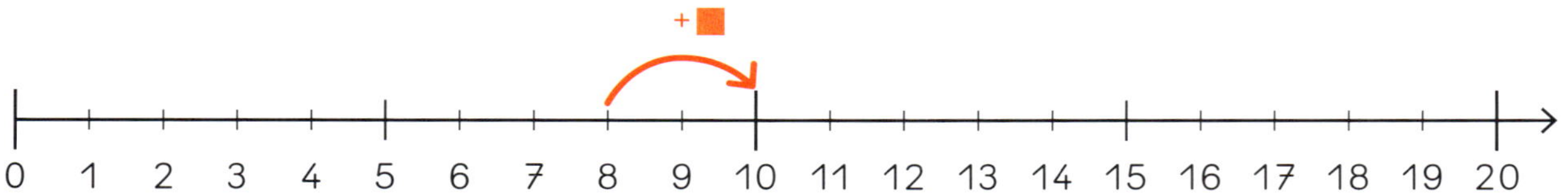

8 + ☐ = 10

2 6 + ☐ = 10 5 + ☐ = 10 7 + ☐ = 10

3

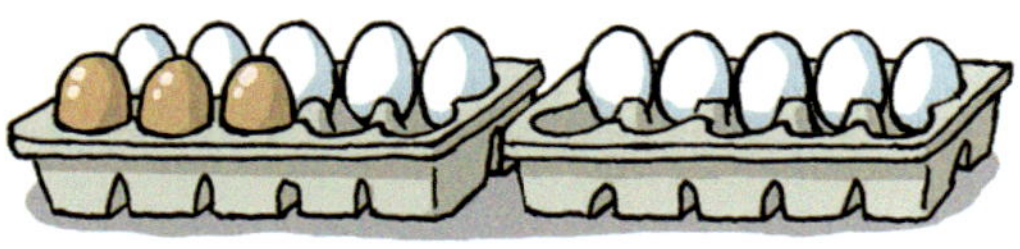

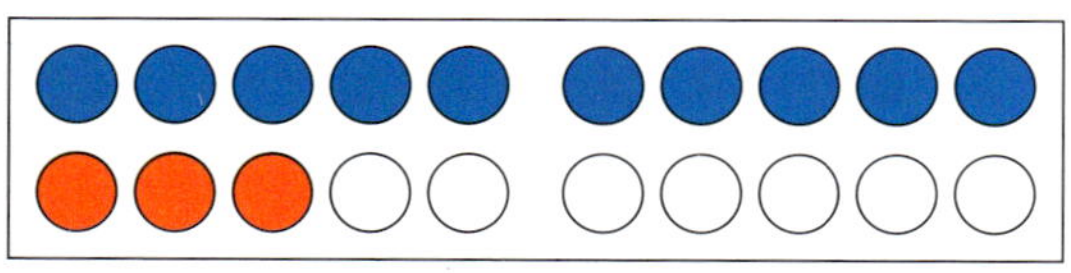

10 + 3 = ☐

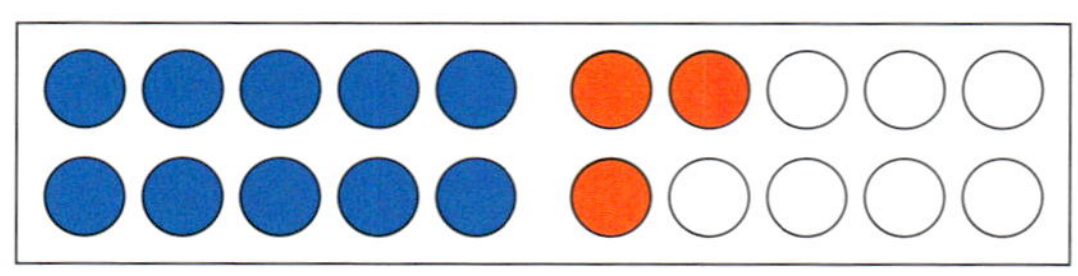

10 + 3 = ☐

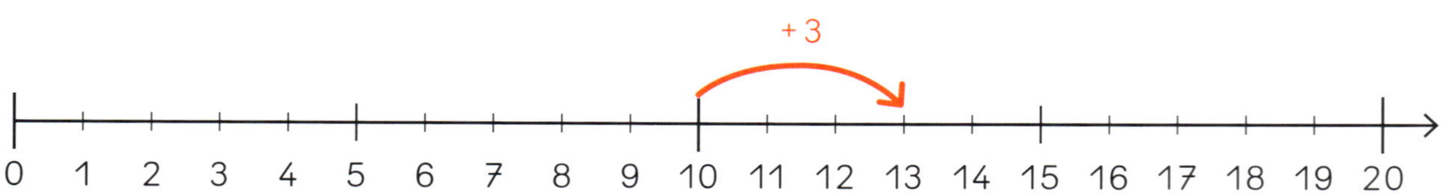

10 + 3 = ☐

4 10 + 4 = ☐ 10 + 9 = ☐ 4 + 10 = ☐

Addieren mit Zehnerübergang

1 Erst + bis 10, dann noch + …

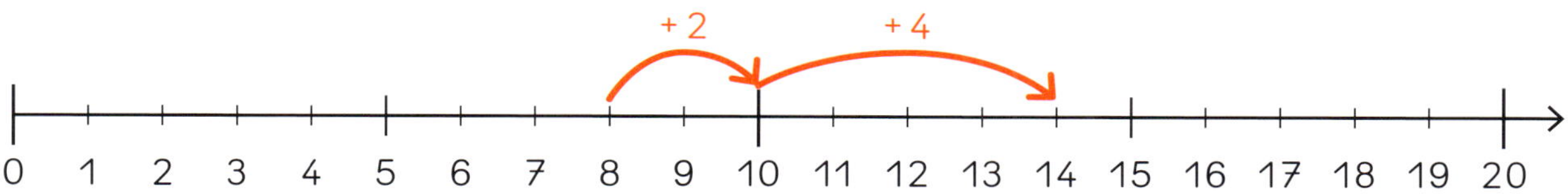

Tim

8 + 6

erst 8 + 2 = **10**
dann noch + 4 ist 14

Mira

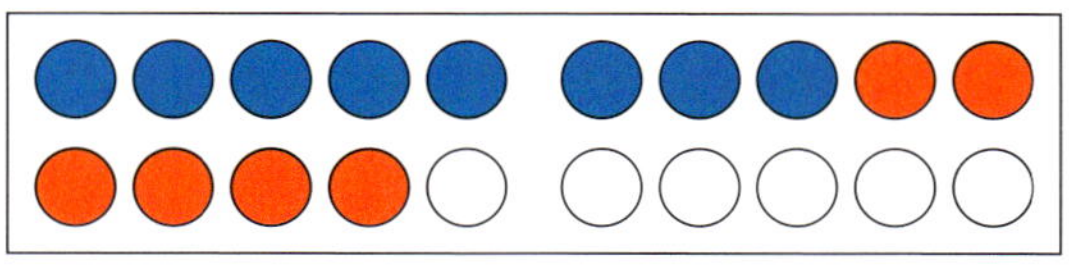

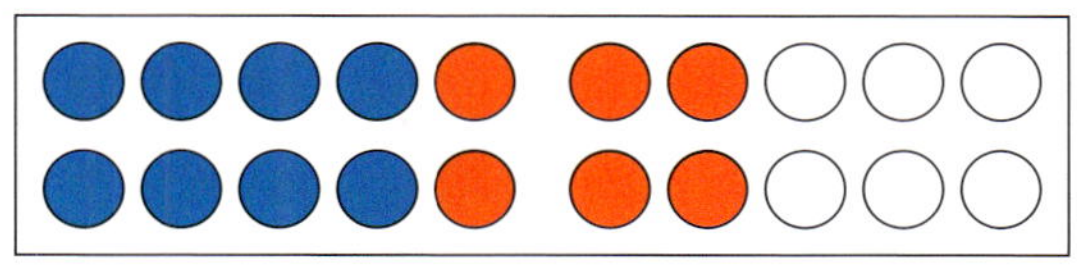

8 + 6 = 14
(2, 4)

2 Rechne am Zahlenstrahl oder mit dem Zwanzigerfeld.

erst 6 + 4 = **10**
dann noch + 1 ist …

6 + 5 = ___
(4, 1)

erst 7 + 3 = **10**
dann noch + ___ ist …

7 + 6 = ___
(3, ___)

erst 9 + ___ = **10**
dann noch + ___ ist …

9 + 3 = ___
(___, ___)

erst 8 + ___ = **10**
dann noch + ___ ist …

8 + 5 = ___
(___, ___)

erst 5 + ___ = **10**
dann noch + ___ ist …

5 + 7 = ___
(___, ___)

erst 9 + ___ = **10**
dann noch + ___ ist …

9 + 6 = ___
(___, ___)

Zehnerübergang durch Verdoppeln

1

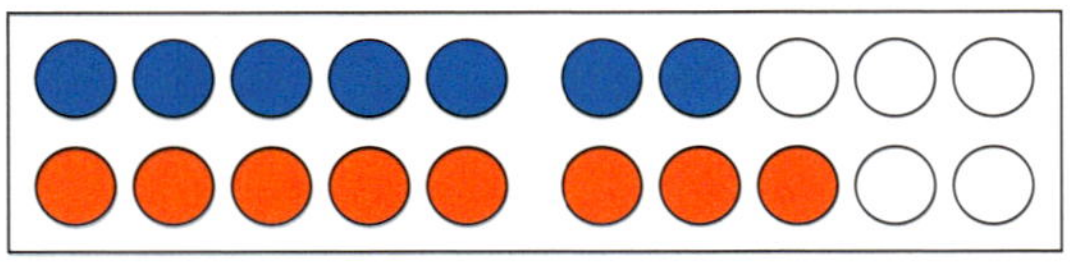

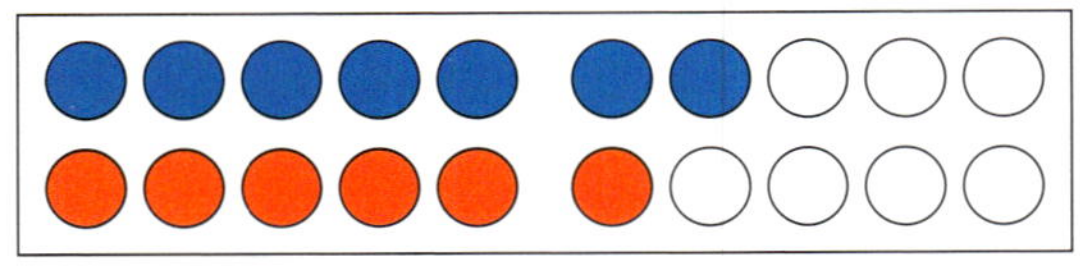

Fatima

7 + 8
erst 7 + 7 = 14
dann + 1 ist 15

$7 + 8 = 7 + 7 + 1 = 15$

Lisa

7 + 6
erst 7 + 7 = 14
dann − 1 ist 13

$7 + 6 = 7 + 7 - 1 = 13$

2

erst 8 + 8 = 16
dann + ___ ist ___

$8 + 9 = 8 + 8 +$ ___ $=$ ___

erst 8 + ___ = ___
dann − ___ ist ___

$8 + 7 = 8 +$ ___ $-$ ___ $=$ ___

3

erst 6 + ___ = ___
dann + ___ ist ___

$6 + 7 =$ ___ $+$ ___ $+$ ___ $=$ ___

erst 6 + ___ = ___
dann − ___ ist ___

$6 + 5 =$ ___ $+$ ___ $-$ ___ $=$ ___

4

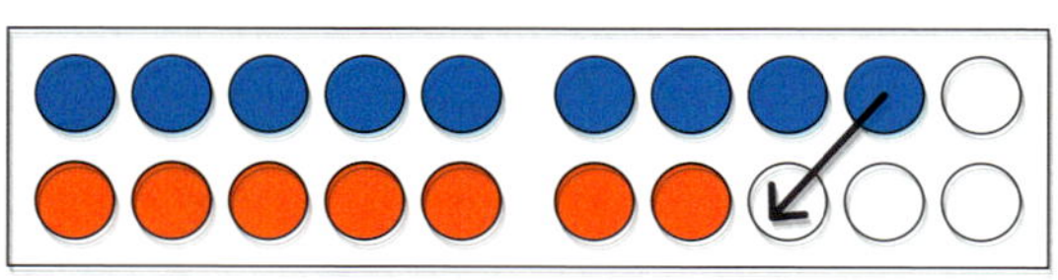

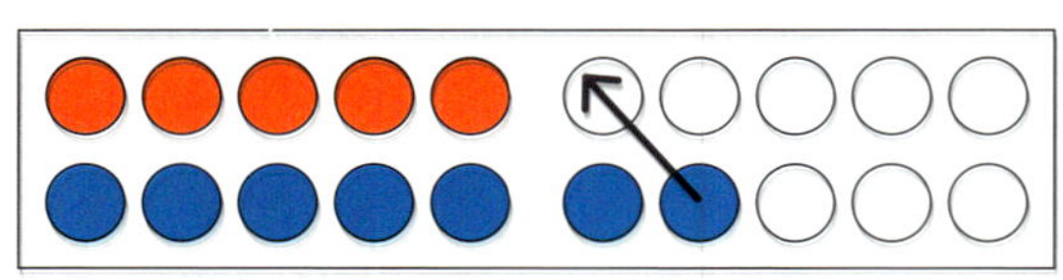

Paul

9 + 7
1 von 9 weg
und zu 7 dazu

$9 + 7 = 8 + 8 = 16$

Ömer

5 + 7
1 von 7 weg
und zu 5 dazu

$5 + 7 =$ ___ $+$ ___ $=$ ___

Zehnerübergang mit Zehnertrick und Tauschaufgaben

1

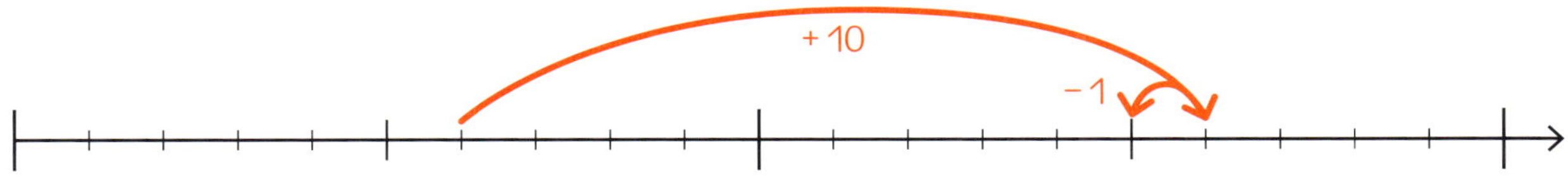

Mona

6 + 9
erst 6 + 10 = 16
dann − 1 ist 15

Dennis

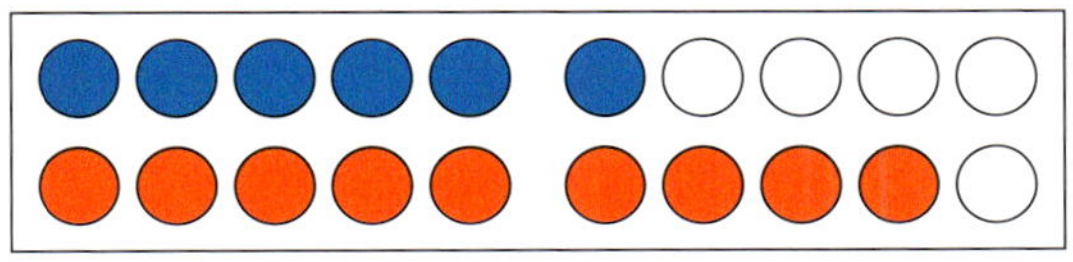

6 + 9 = 6 + 1 0 − 1 = 1 5

2

erst 7 + 10 = 17
dann − 1 ist ___

7 + 9 = ___ + ___ − ___ = ___

erst 5 + 10 = 15
dann − 1 ist ___

5 + 9 = ___ + ___ − ___ = ___

3

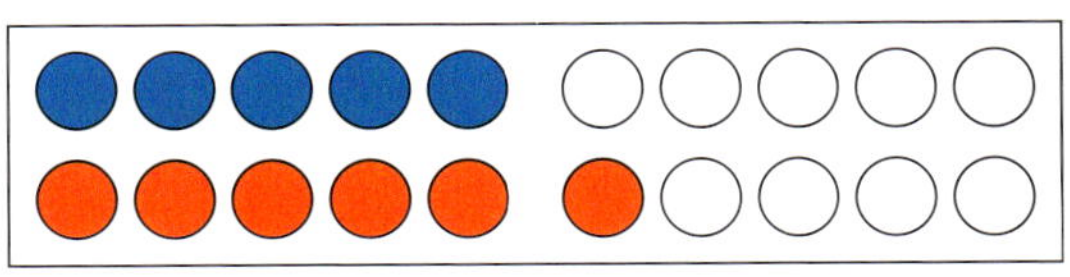

5 + 6 = 1 1

6 + 5 = ___

Murat

Tauschaufgabe

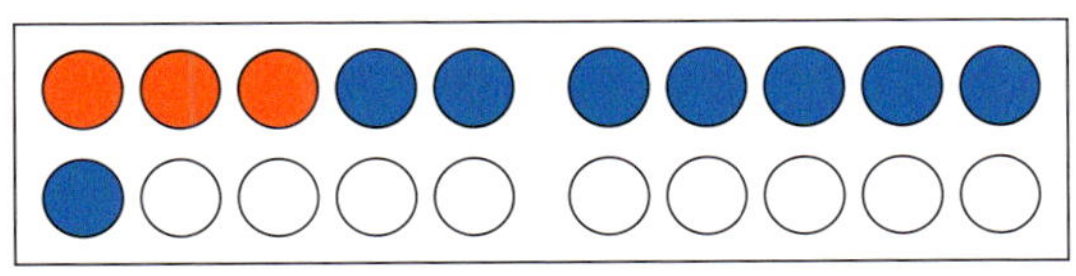

3 + 8 = ___

___ + ___ = ___

4

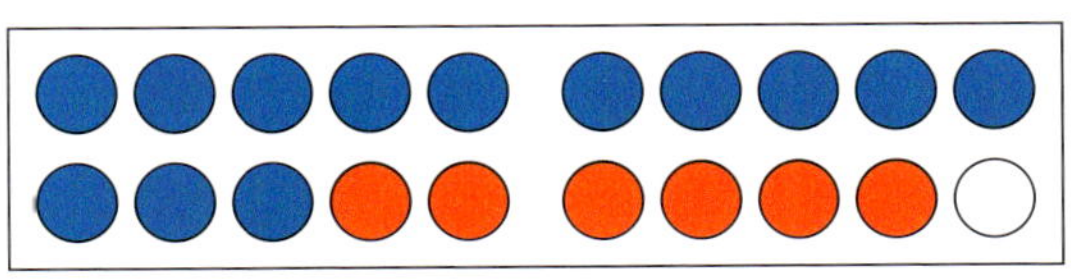

1 3 + 6 = ___

6 + 1 3 = ___

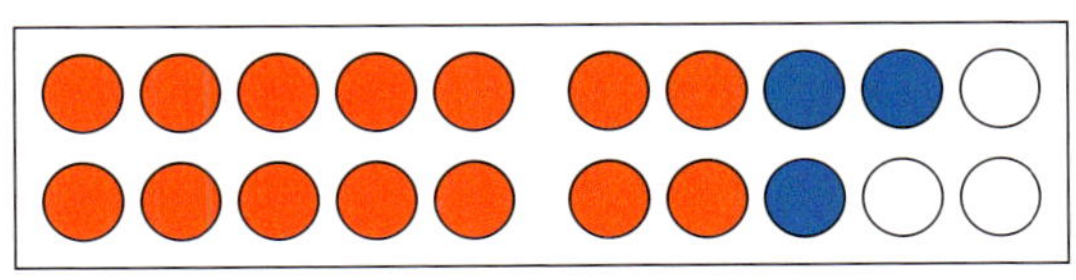

3 + 1 4 = ___

___ + ___ = ___

Verschiedene Rechenwege üben

Suche dir einen Rechenweg aus.

1	8 + 6 = ___	8 + 8 = ___	6 + 6 = ___
	9 + 4 = ___	8 + 9 = ___	6 + 5 = ___
	7 + 5 = ___	8 + 7 = ___	6 + 7 = ___
2	5 + 9 = ___	6 + 8 = ___	4 + 7 = ___
	6 + 9 = ___	5 + 7 = ___	2 + 9 = ___
	4 + 9 = ___	7 + 9 = ___	5 + 8 = ___

Nachbaraufgaben

3	8 + 2 = ___	7 + 4 = ___	9 + ___ = ___
	8 + 3 = ___	7 + 5 = ___	9 + 6 = ___
	8 + 4 = ___	7 + ___ = ___	9 + ___ = ___
	8 + 5 = ___	___ + ___ = ___	___ + ___ = ___

Rechnen mit 10

1

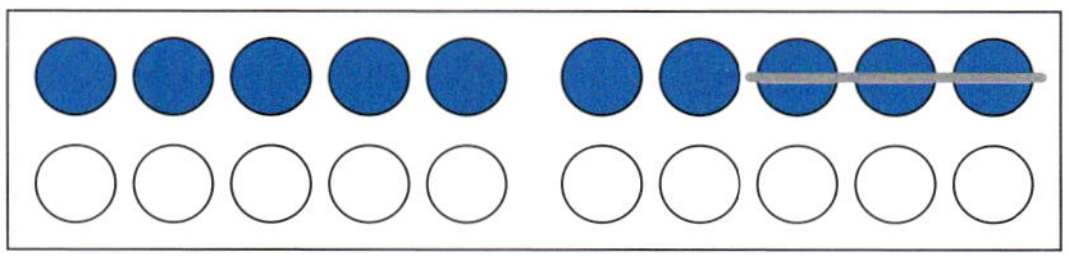

1 0 − 3 = 7

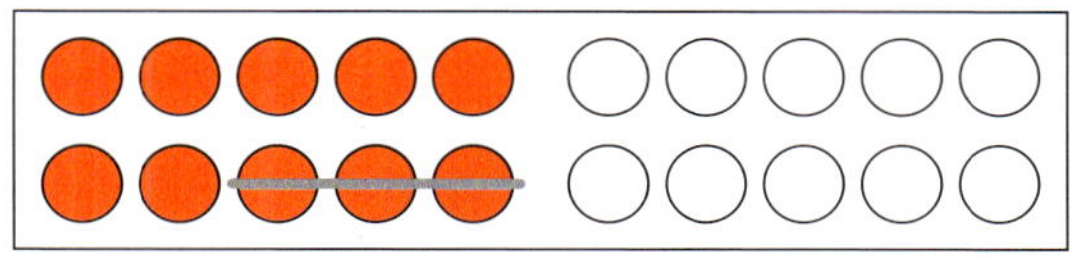

1 0 − 3 = ▢

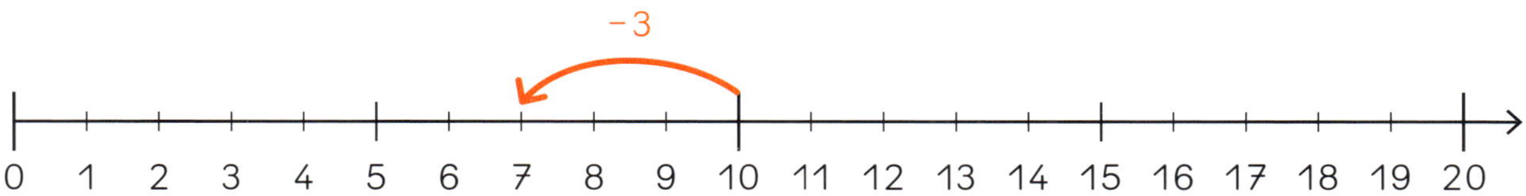

1 0 − 3 = ▢

2 1 0 − 6 = ▢ 1 0 − 8 = ▢ 1 0 − 5 = ▢

3

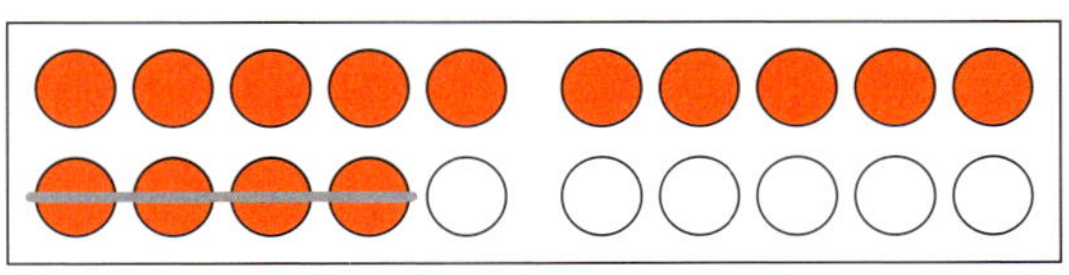

1 4 − 4 = ▢

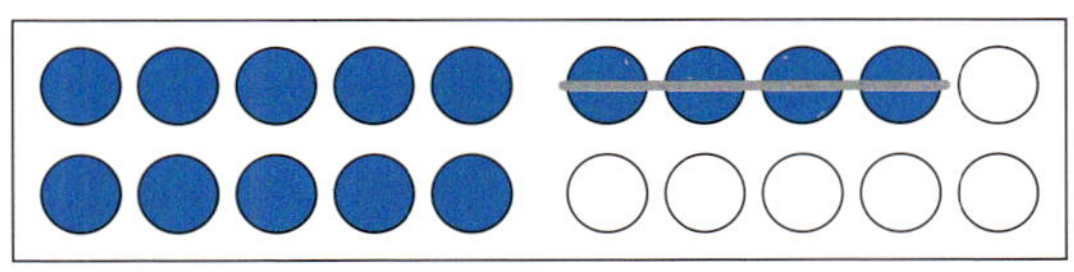

1 4 − 4 = ▢

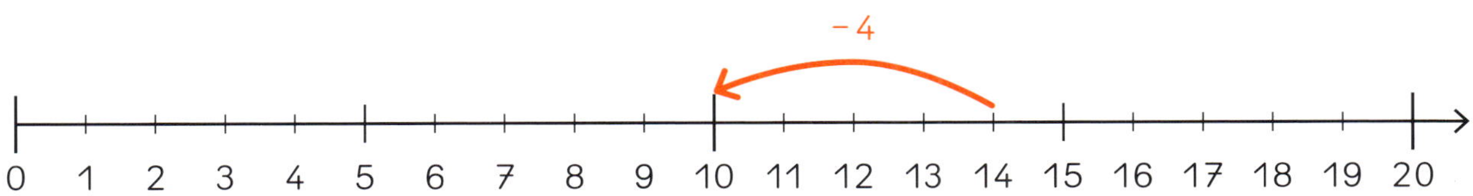

1 4 − 4 = ▢

4 1 7 − 7 = ▢ 1 9 − 9 = ▢ 1 4 − 1 0 = ▢

Subtrahieren mit Zehnerübergang

1 Erst – bis 10, dann noch – …

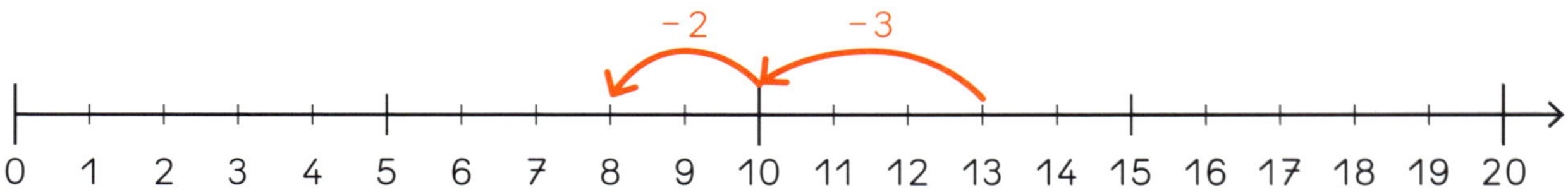

Tim

13 – 5

erst 13 – 3 = **10**
dann noch – 2 ist 8

Mira

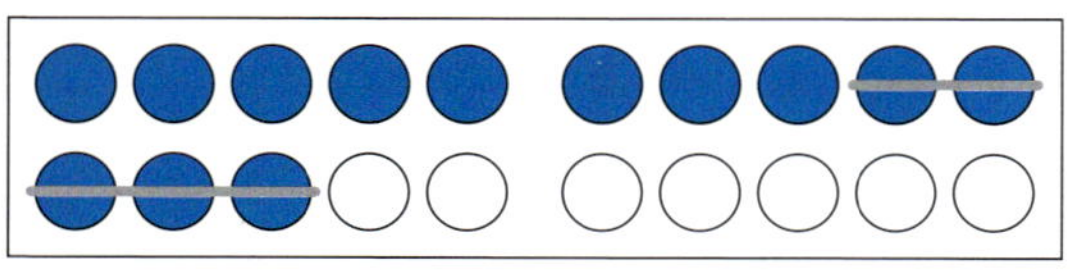

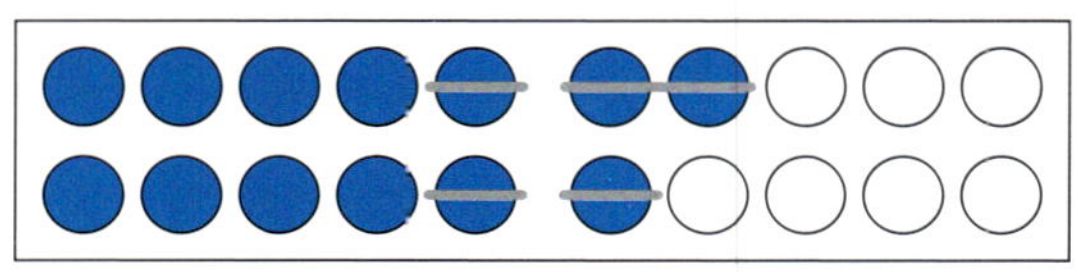

1 3 – 5 = 8
3 2

2 Rechne am Zahlenstrahl oder mit dem Zwanzigerfeld.

erst 11 – 1 = **10**
dann noch – 4 ist …

1 1 – 5 = ☐
1 4

erst 13 – 3 = **10**
dann noch – ☐ ist …

1 3 – 7 = ☐
3 ☐

erst 12 – ☐ = **10**
dann noch – ☐ ist …

1 2 – 3 = ☐
☐ ☐

erst 11 – ☐ = **10**
dann noch – ☐ ist …

1 1 – 6 = ☐
☐ ☐

erst 14 – ☐ = **10**
dann noch – ☐ ist …

1 4 – 6 = ☐
☐ ☐

erst 12 – ☐ = **10**
dann noch – ☐ ist …

1 2 – 5 = ☐
☐ ☐

Zehnerübergang mit Zehnertrick und mit Halbieren

1

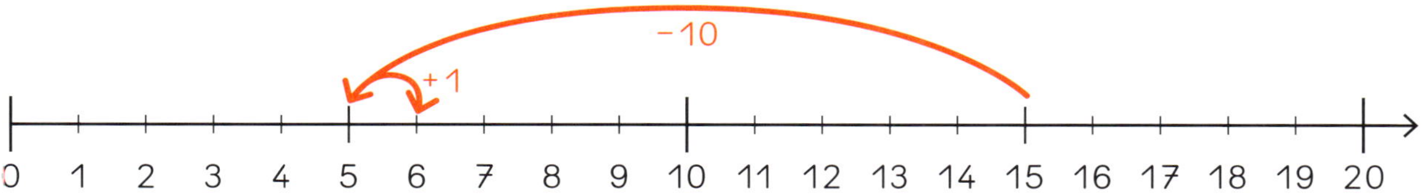

Mona

16 − 9
erst 16 − 10 = 6
dann + 1 ist 7

Dennis

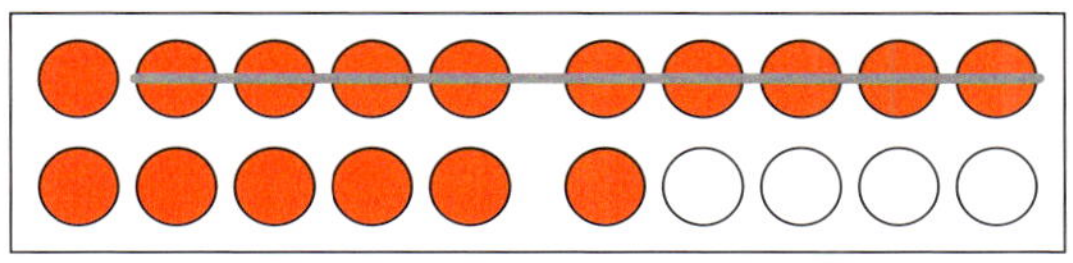

16 − 9 = 16 − 10 + 1 = 7

2

erst 14 − 10 = 4
dann + 1 ist ___

erst 15 − 10 = 5
dann + 1 ist ___

13 − 9 = ___ − ___ + ___ = ___

15 − 9 = ___ − ___ + ___ = ___

Halbieren

Fatima

3

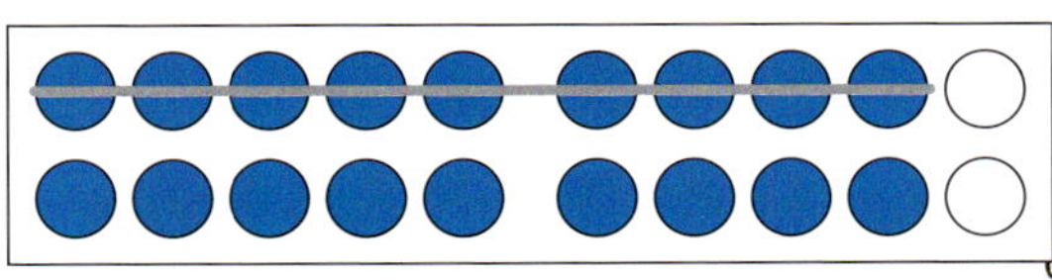

18 − 9 = 9

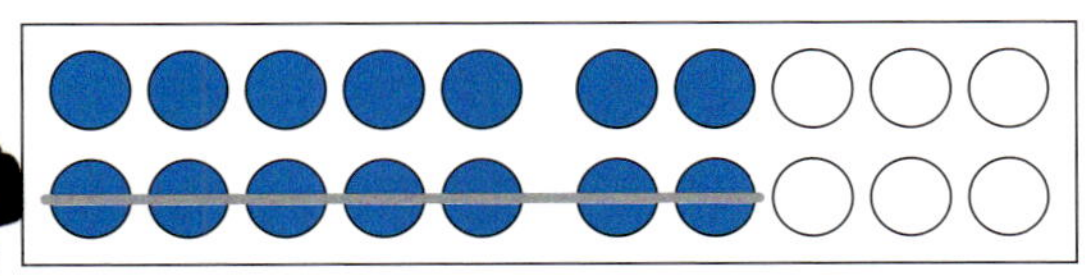

14 − 7 = ___

4

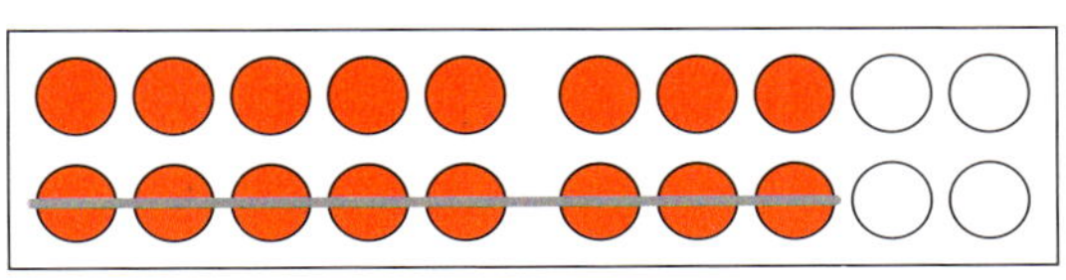

___ − ___ = ___

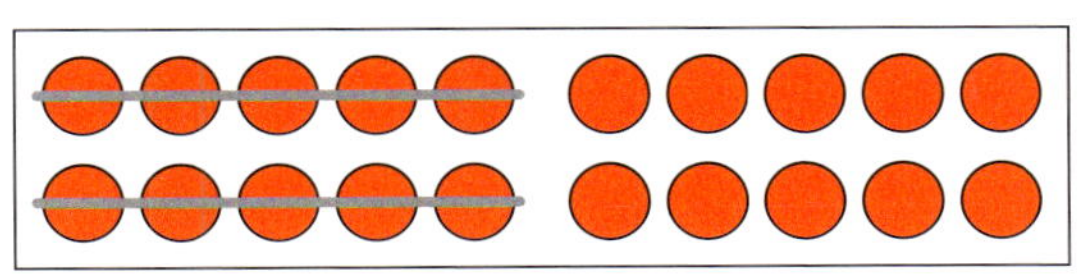

___ − ___ = ___

Verschiedene Rechenwege üben

Suche dir einen Rechenweg aus.

1	12 – 4 = ▢	13 – 6 = ▢	17 – 8 = ▢
	11 – 6 = ▢	12 – 7 = ▢	11 – 8 = ▢

2	14 – 7 = ▢	14 – 9 = ▢	14 – 8 = ▢
	18 – 9 = ▢	17 – 9 = ▢	17 – 8 = ▢

Nachbaraufgaben

3	15 – 6 = ▢	11 – 4 = ▢	12 – ▢ = ▢
	15 – 7 = ▢	11 – 5 = ▢	12 – 5 = ▢
	15 – 8 = ▢	11 – ▢ = ▢	12 – ▢ = ▢
	15 – 9 = ▢	▢ – ▢ = ▢	▢ – ▢ = ▢

4	13 – 4 = ▢	12 – 6 = ▢	11 – 7 = ▢
	14 – 5 = ▢	13 – 7 = ▢	12 – 8 = ▢
	15 – 6 = ▢	14 – 8 = ▢	13 – 9 = ▢
	16 – 7 = ▢	15 – 9 = ▢	14 – 10 = ▢

Umkehraufgaben

1

1 5 − 7 = 8

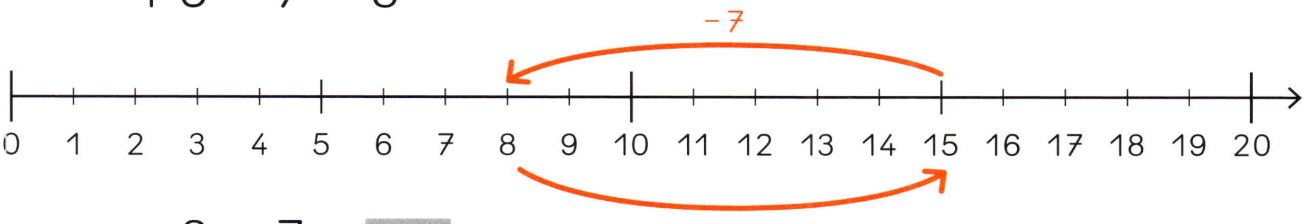

8 + 7 = ___

2

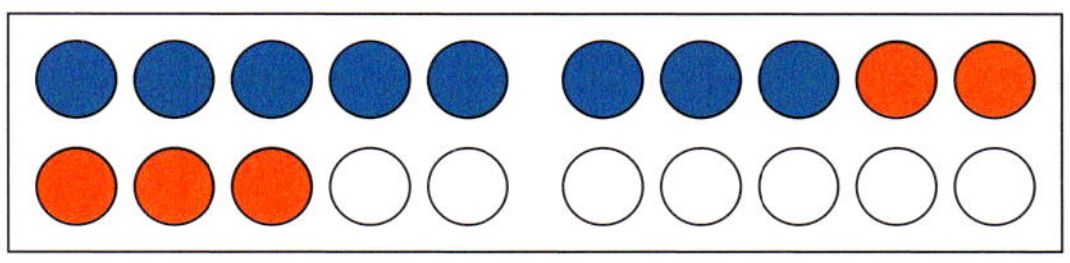

8 + 5 = 1 3

1 3 − 5 = ___

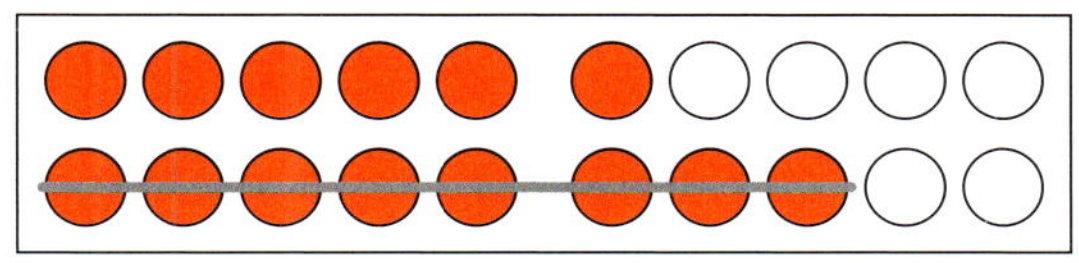

1 4 − 8 = 6

6 + 8 = ___

3

7 + 9 = 1 6

1 6 − 9 = ___

8 + 6 = ___

___ − 6 = ___

9 + 7 = ___

___ − ___ = ___

4

1 5 − 8 = ___

___ + ___ = ___

1 1 − 4 = ___

___ + ___ = ___

___ − ___ = ___

___ + ___ = ___

5

11 | 4 | 7

1 1 − 4 = ___ 7 + 4 = ___

1 1 − 7 = ___ 4 + 7 = ___

9 | 8 | 17

1 7 − 8 = ___ ___ + ___ = ___

1 7 − ___ = ___ ___ + ___ = ___

6

9 | 15 | 6

9 + 6 = ___ ___ − ___ = ___

___ + ___ = ___ ___ − ___ = ___

19 | 10 | 9

___ + ___ = ___ ___ − ___ = ___

___ + ___ = ___ ___ − ___ = ___

Rechengeschichten

Erzähle. Finde die passende Aufgabe.

6 + 9 = 15	16 − 7 = 9	14 + 6 =
20 − 5 = 15	5 + 12 = 17	20 − 3 =

weitere Aufgaben mit Ergebnissen finden

Sachaufgaben

1 Wer hat die meisten Punkte?

Tim	(7) (5)	7 + 5 = ___
Toni	(5) (6)	5 + 6 = ___
Susi	(7) (6)	___ + ___ = ___
Lena	(6) ( )	___ + ___ = ___

2 Anna will gewinnen. Welche Zahl muss Anna treffen?

Udo

5 + 10 = ___

Anna

10 + ___ = ___

3

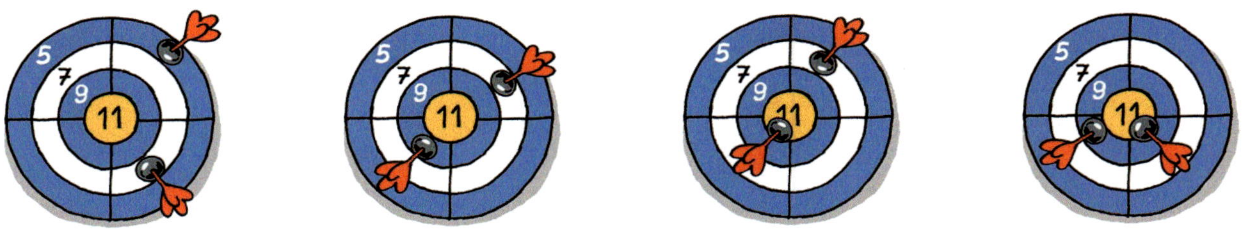

4 Wie viele Steine bleiben stehen?

18 − 5 = ___

15 − 6 = ___

Wie viele Steine fallen um?

13 − ___ = 7

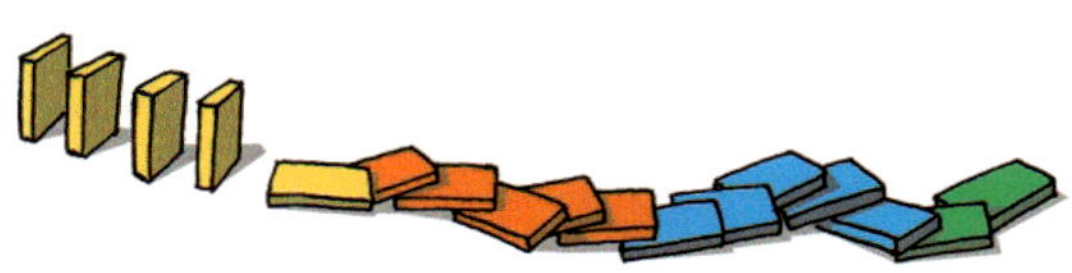

17 − ___ = 4

Rechnen mit Geld

1 Finde Rechengeschichten und bilde Aufgaben.

10 Cent

10 ct

20 Cent

20 ct

2 Ordne. Beginne mit dem kleinsten Wert.

3 Ordne. Beginne mit dem größten Wert.

1 Wie viel Cent sind das?

2 Wer hat das meiste Geld?

Tim

Lisa

Nina

3 Lege 13 ct, 18 ct, 9 ct, 12 ct, 15 ct.

4 Anna hat 10 Cent. Welche Tüte kann Anna kaufen?

5 Wie viel Cent sind es? Was kannst du dafür kaufen?

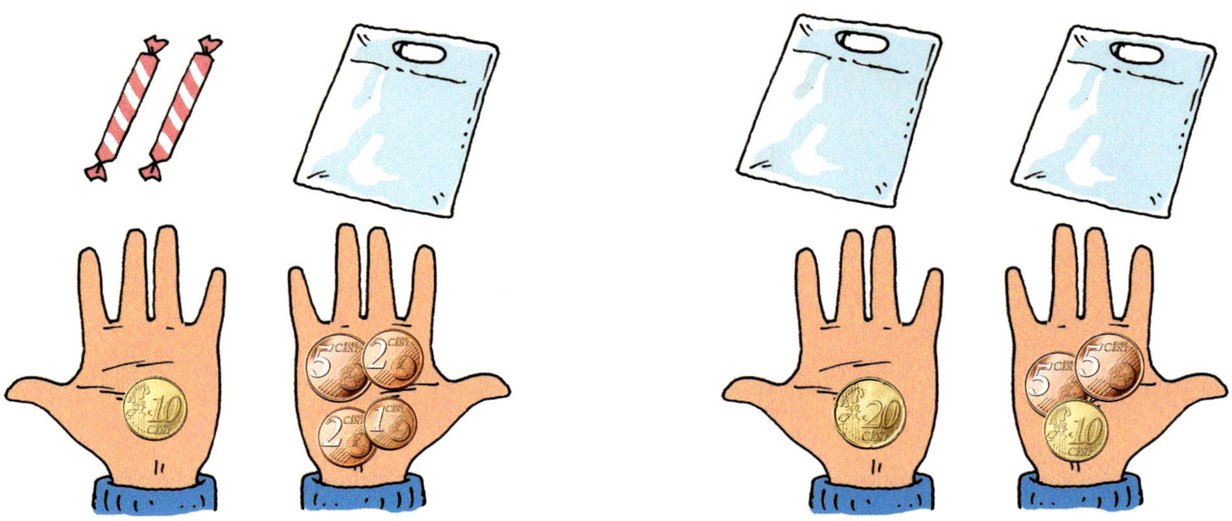

5 Feststellen, dass in der rechten und linken Hand jeweils 10 bzw. 20 Cent sind; verschiedene Möglichkeiten finden, was dafür gekauft werden kann

10 Euro 10 €

20 Euro 20 €

1 Ordne. Beginne mit dem kleinsten Wert.

2 Ordne. Beginne mit dem größten Wert.

3 Wie viel Euro sind das?

4 Wer hat das meiste Geld?

Murat

Lisa

Nina

5 Lege 14 €, 19 €, 12 €, 8 €, 17 €.

Was können Lena, Paul und Murat machen?

Lena hat 15 €. Paul hat 10 €. Murat hat 20 €.

Formen

1

Rechteck Quadrat Dreieck Kreis

2 Was gehört zusammen?

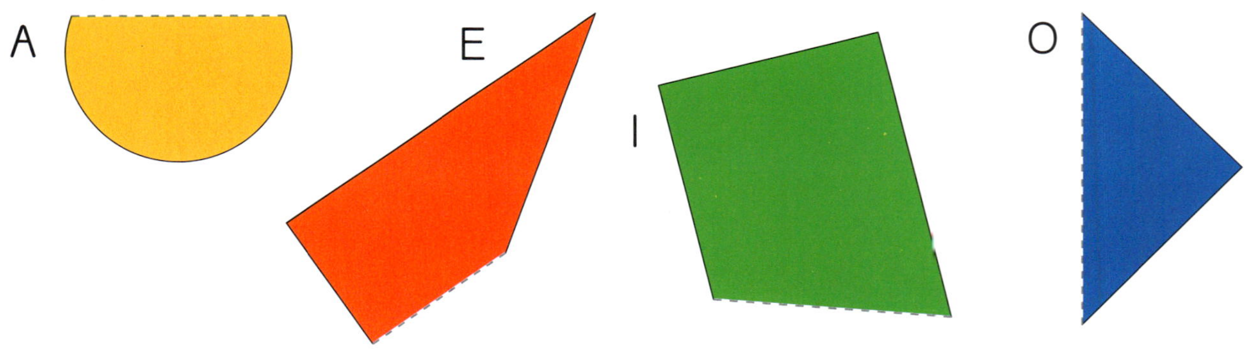

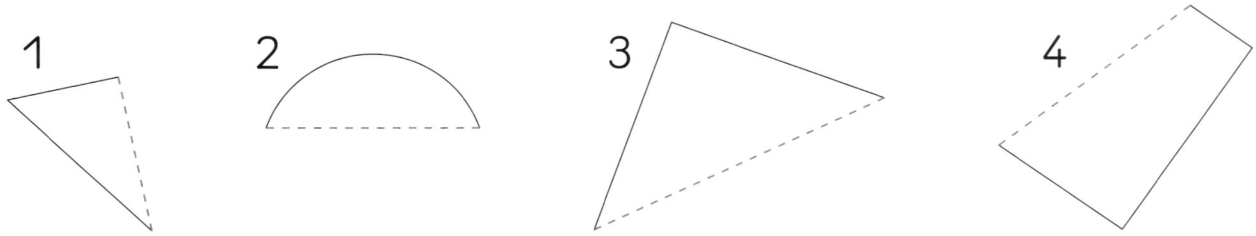

Wassily Kandinsky:
Quer und Hoch, 1927

1 Welche Formen erkennst du in dem Bild?

2 Gestalte selbst ein Kunstwerk aus diesen Formen.

Formen im Klassenraum, auf dem Schulhof und in der Umwelt suchen

Formen und Muster

Ornament auf einer etwa 3000 Jahre alten griechischen Schale

1 Übertrage die Muster in dein Heft und ergänze sie.

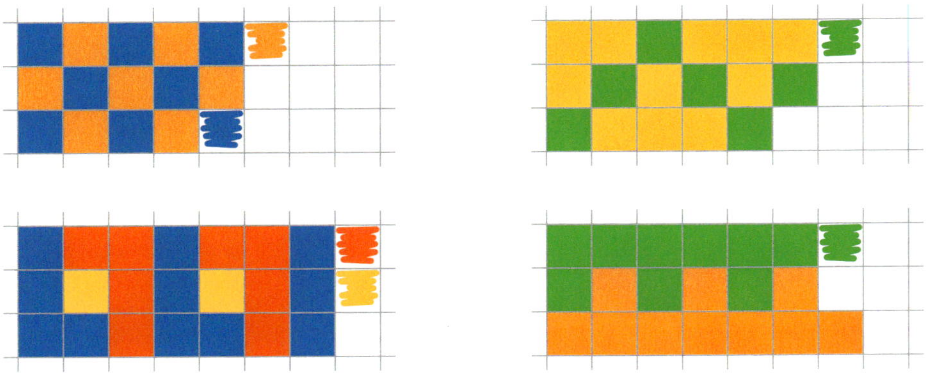

2 Übertrage auf das Geobrett.

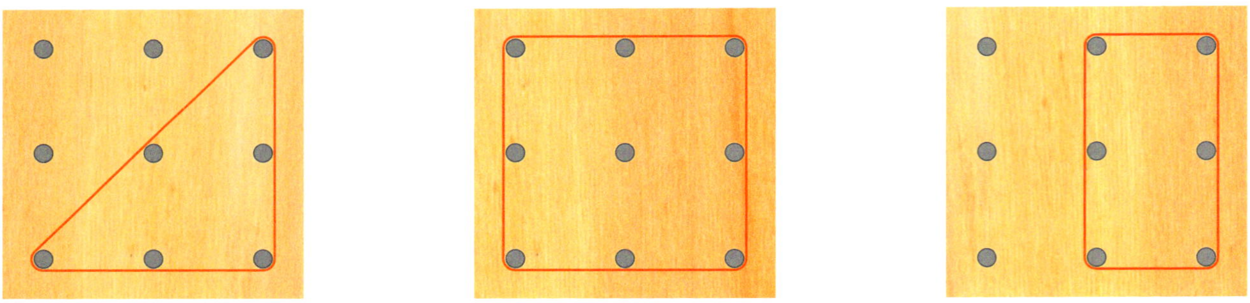

3 Wie viele Quadrate?

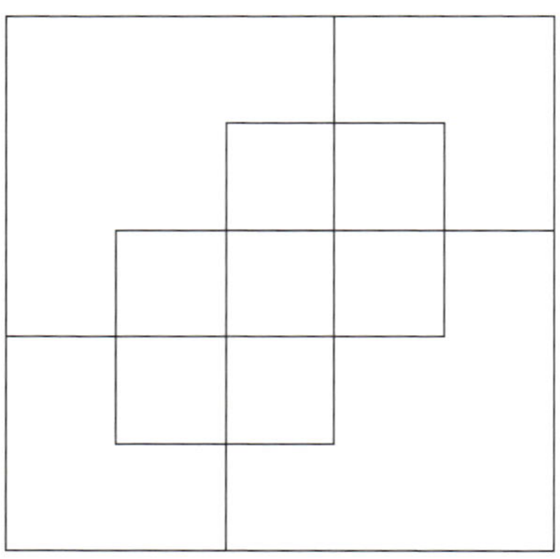

Wie viele Dreiecke?

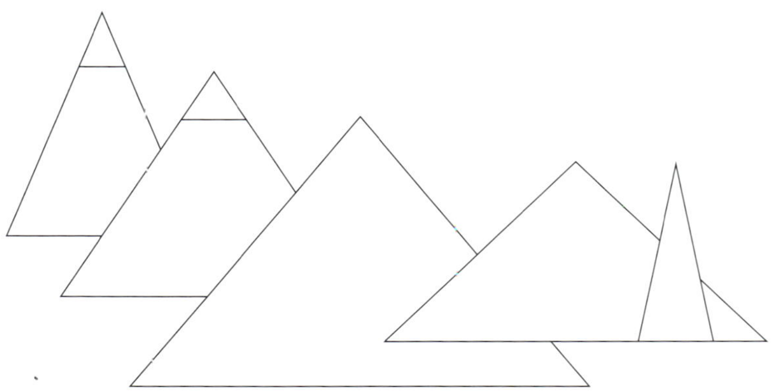

1 Falte und male an.

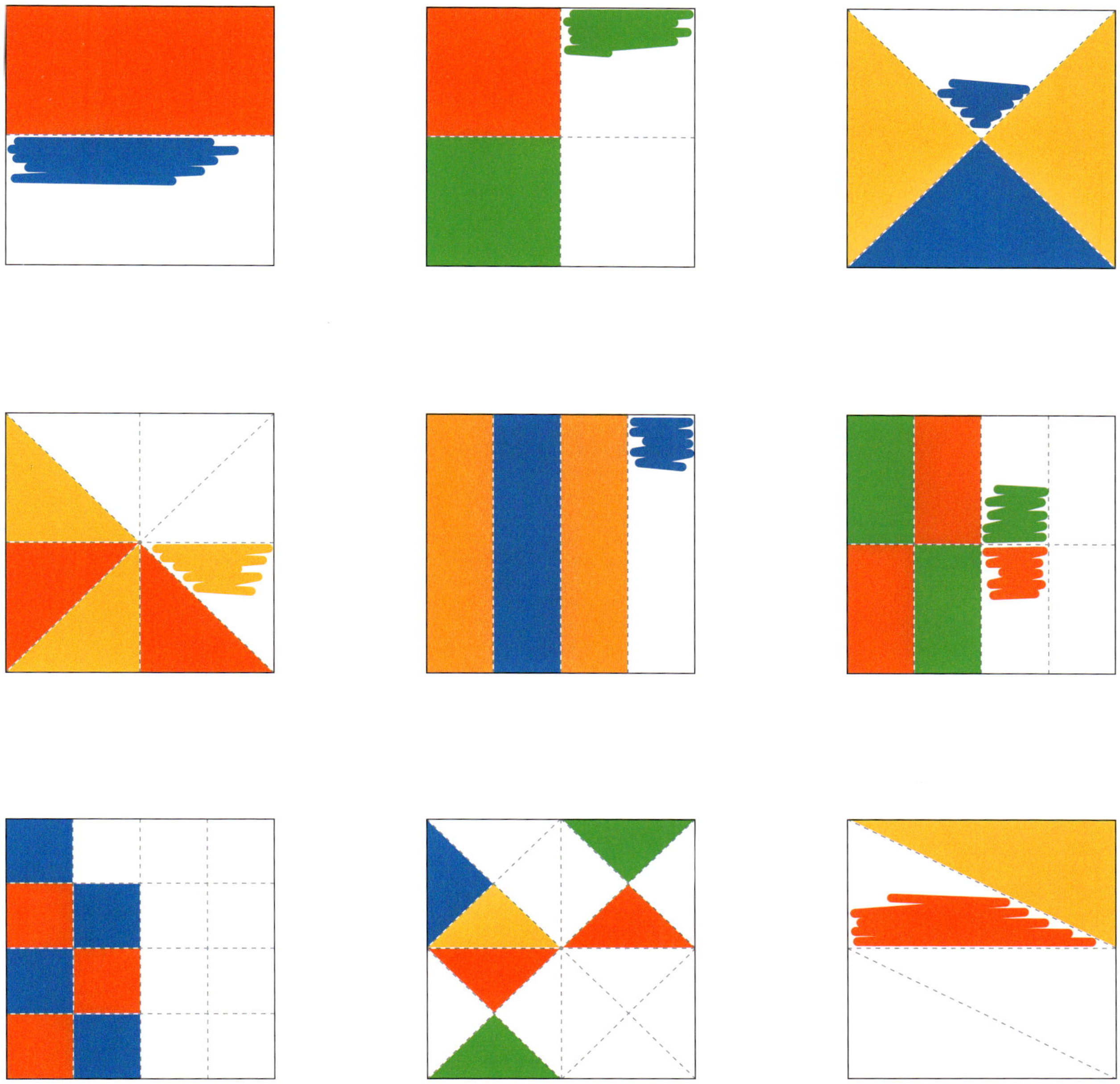

2 Zerschneide und finde Muster.

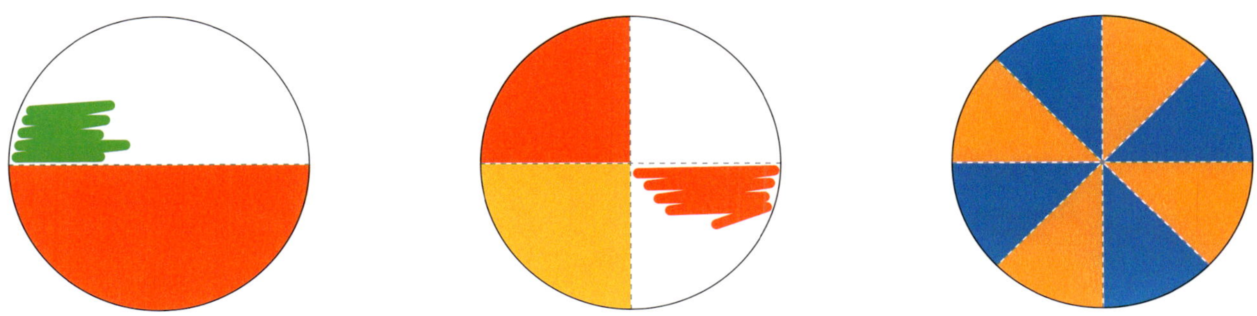

Zeit

14:00

15:00

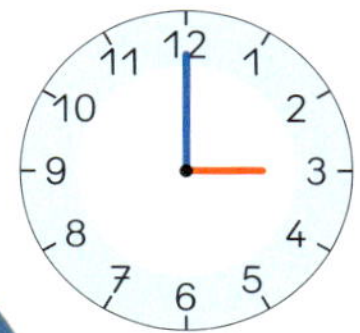

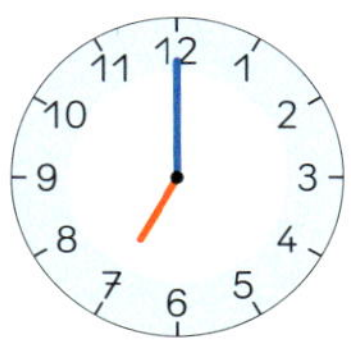

19:00

17:00

Inhaltsverzeichnis